生命的旅程
从鱼到人
（英）杜格尔·狄克逊 / 著
（英）汉娜·贝利 / 绘
刘林德 / 译
孟庆金 / 译审
化学工业出版社
·北京·

图书在版编目（CIP）数据

生命的旅程：从鱼到人 /（英）杜格尔•狄克逊（Dougal Dixon）著；（英）汉娜•贝利（Hannah Bailey）绘；刘林德译. —北京：化学工业出版社，2019.12（2024.4重印）

书名原文：When the Whales Walked and Other Incredible Evolutionary Journeys

ISBN 978-7-122-35403-7

Ⅰ. ①生… Ⅱ. ①杜…②汉…③刘… Ⅲ. ①生物-进化-青少年读物 Ⅳ. ①Q11-49

中国版本图书馆CIP数据核字（2019）第224465号

出 品 人：李岩松　　责任编辑：笪许燕　刘　莎
营销编辑：龚　娟　郑　芳　　特约编辑：孙天任
责任校对：宋　夏　　装帧设计：刘丽华

出版发行：化学工业出版社（北京市东城区青年湖南街13号　邮政编码100011）
印　　装：北京利丰雅高长城印刷有限公司
710mm×1000mm　1/8　印张9　字数106千字　2024年4月北京第1版第3次印刷

购书咨询：010-64518888　　售后服务：010-64518899
网　　址：http://www.cip.com.cn
凡购买本书，如有缺损质量问题，本社销售中心负责调换。

定　　价：88.00元　

目录

CONTENTS

什么是演化？

想象一下：火山在海底爆发，岩浆冲出海面，冷却后形成一座新的岛屿。一群鸟在迁徙过程中迷失了方向，停在小岛上休息，唯一可以吃的东西是被海水冲到岸上的虾。不过，仅有几只鸟爱吃虾。其他的鸟要么饿死，要么飞到其他地方寻找食物。

爱吃虾的鸟留下来产卵。孵化出来的幼鸟中有一些也爱吃虾，它们能填饱肚子。其他幼鸟跟之前的一些鸟一样——它们吃不了虾，所以也饿死了。只有能吃虾的幼鸟长大了，又产卵，孵出了下一代。

许多年过去了，只有吃虾的鸟生存下来。又是因为迷失了方向，曾经离开小岛的那些鸟的后代又来到岛上。它们发现留在岛屿上的远亲们变得大不相同，成为一个新的物种。

这就是演化。

改变与适应

演化随时随地都在发生，不局限在一座新岛屿上。任何生活环境或气候的变化都会引发演化，但动物自身却不能决定是否要演化。演化是一个漫长的循序渐进的过程，历经世世代代，由一点点变化积累而成。

变异

动物的大多数后代跟父母长得非常像，也能在同样的环境中生活。但是，控制动物宝宝特征的基因会偶然出现随机的变化。这种变化称为“变异”。大多数变异都降低了动物生存的可能性。如果动物死掉或者没有留下自己的后代，那么这种变异就不会遗传。

但是，变异偶尔也会给动物带来某种优势。变异的动物不仅能存活下来，还可能繁育出更多健康的后代，将这种有用的变异遗传下去。我们将这个过程称为“自然选择”。变异导致变化，而自然选择让成功变异的动物存活下来。这正是演化的意义所在。

旅程开始……

本书将带你游历地球上生命的历史，尽览其间的千变万化。书中13个典型的案例，从最早的鱼类到现代的人类，分别阐释不同类群动物的演化过程。当你探究每种类群的历史时，也许能从不同动物演化的方式中发现某种规律呢。

地球生命时间线

大约在35亿年前，地球的温度渐渐冷却，并趋于稳定，这时，地球上出现了生命。这个时间跨度太大了，科学家就把地球的历史分成一段一段的，也就是“纪”。每一个“纪”都是按照那段时间内生存过的生物类型确定的。

地质年代表（6亿年前至今）

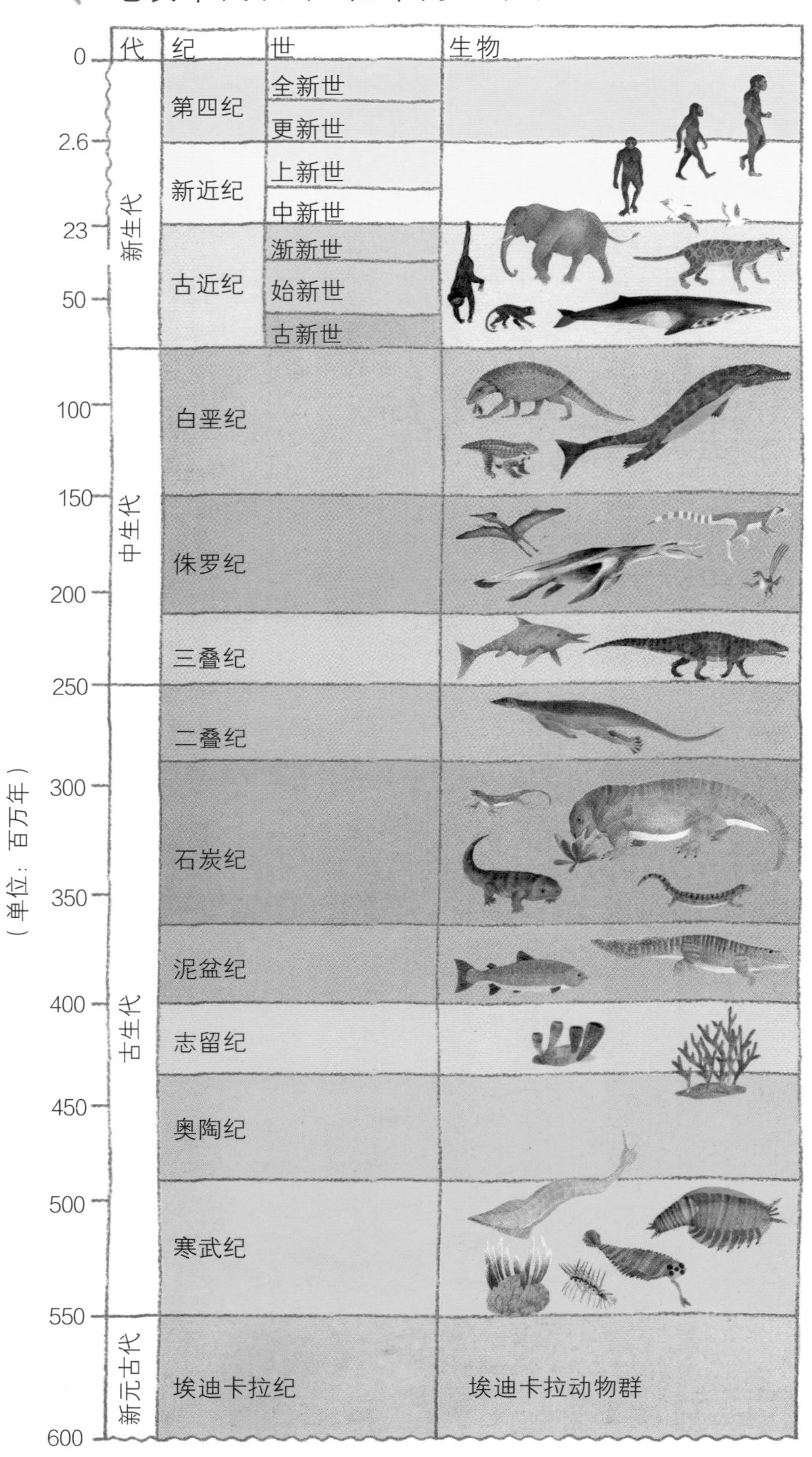

生命一出现，演化就开始了。地球历史的大部分时间里，唯一存在的生命形式是简单的有机体，只由一个细胞组成。更复杂的生物大约在6亿年前出现。

左侧的图表显示了从6亿年前开始，地球上的生命所经历的地质年代。一般来说，地质年代的排列方式会把最古老的放到底部，把新时期放到顶端，这个顺序和地层结构相对应。

化石从哪儿来的？

化石是保存在石头中的生物遗迹。大多数化石在海洋沉积层中被发现。实际上，在大约4亿年之前，所有的生物都生活在水中。之后，陆生植物和动物的化石开始出现，但是这种化石跟海洋里的生物化石相比还是太少了。

白垩纪
6,600万年前

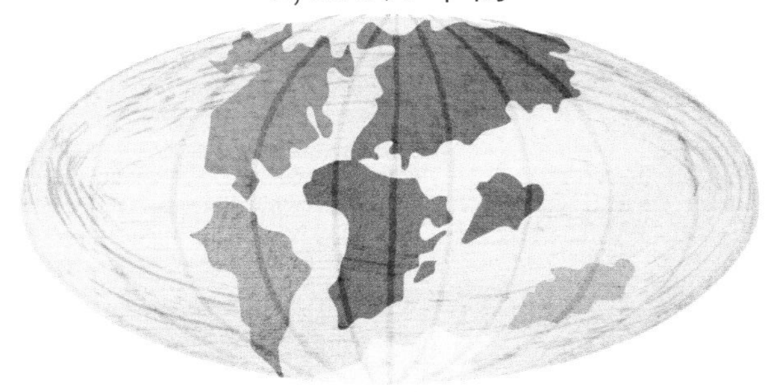

佚罗纪
1.45亿年前

二叠纪
2.5亿年前

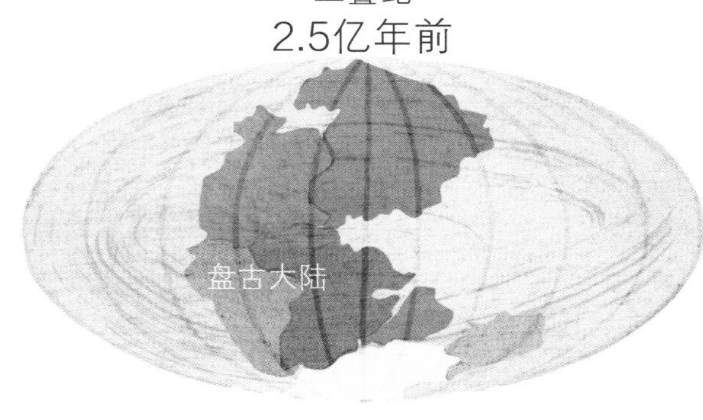

志留纪
4.19亿年前

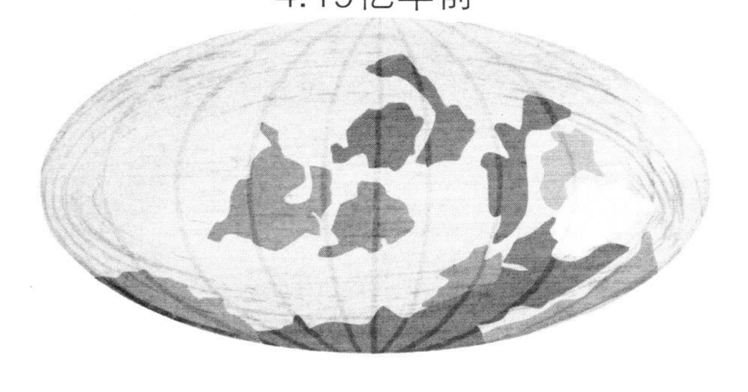

变化的地球

生物一直在变化，地球表面也一直在变化。很久很久之前，地球上散落着好几个大陆板块。它们从未停止移动，一直“漂浮”在地球深处软软的岩石之上。大约在3.35亿年前，所有大陆板块凑到了一起，汇合成一个“超级大陆”，我们称它“盘古大陆”。

盘古大陆存在了大约1.6亿年，然后在侏罗纪中期开始分裂，形成了今天的几个大陆。你有没有好奇地想过，南美洲东部沿岸为什么看起来可以跟非洲西部沿岸完美地拼在一块儿呢？难道它们很久之前曾经连接在一起吗？如今，各个大陆仍在移动，但是速度很慢——大约每年移动25毫米。

一切都在改变

今天，世界上每个角落都生存着形态各异的动物。千百万年前，不同的动物生活在不同的大陆上，但是随着大陆板块的漂移并连接在一起，它们就跟其他物种生活到了一块儿。当大陆板块再度分离的时候，它们又分开了。当各个大陆在炎热的热带地区和冰冷的极地地区之间移动时，气候也发生了变化。这种环境变化与自然选择结合，造就了今天的物种多样性。

演化就是一种动物变成另外一种动物，这种观点已经出现很长时间了。然而，英国科学家查尔斯·达尔文（1808—1882），在1859年出版的《物种起源》一书中，才真正让这个观点引人瞩目。

人们通常认为，达尔文是第一个认识到演化过程是变异和自然选择相结合的人。不过，当时身在他乡的另一位英国科学家阿尔弗雷德·拉塞尔·华莱士，也同时提出了相同的观点。

生命之树

达尔文没有把演化看作是直线式的——由一种动物变成另一种动物，然后再变成另一种动物。他认为演化更像是一棵树，往不同方向生发出许多分支。大多数分支上的生命灭绝了，但有一些幸存下来。每一个幸存下来的分支又生发出更多的分支。

达尔文这种“生命之树”的概念很快成为阐释演化史的标准方式，被人们认可了大约100年。生命之树上的各个分支是根据化石来绘制的，跟地质年代吻合。“化石猎人”们在世界各地寻找，希望可以发现动物演化过程中“缺失的链条”。

（此处的图表是简易版的“生命之树”，展现本书讨论的动物。完整的“生命之树”会有更多分支，还会包括植物和微生物。）

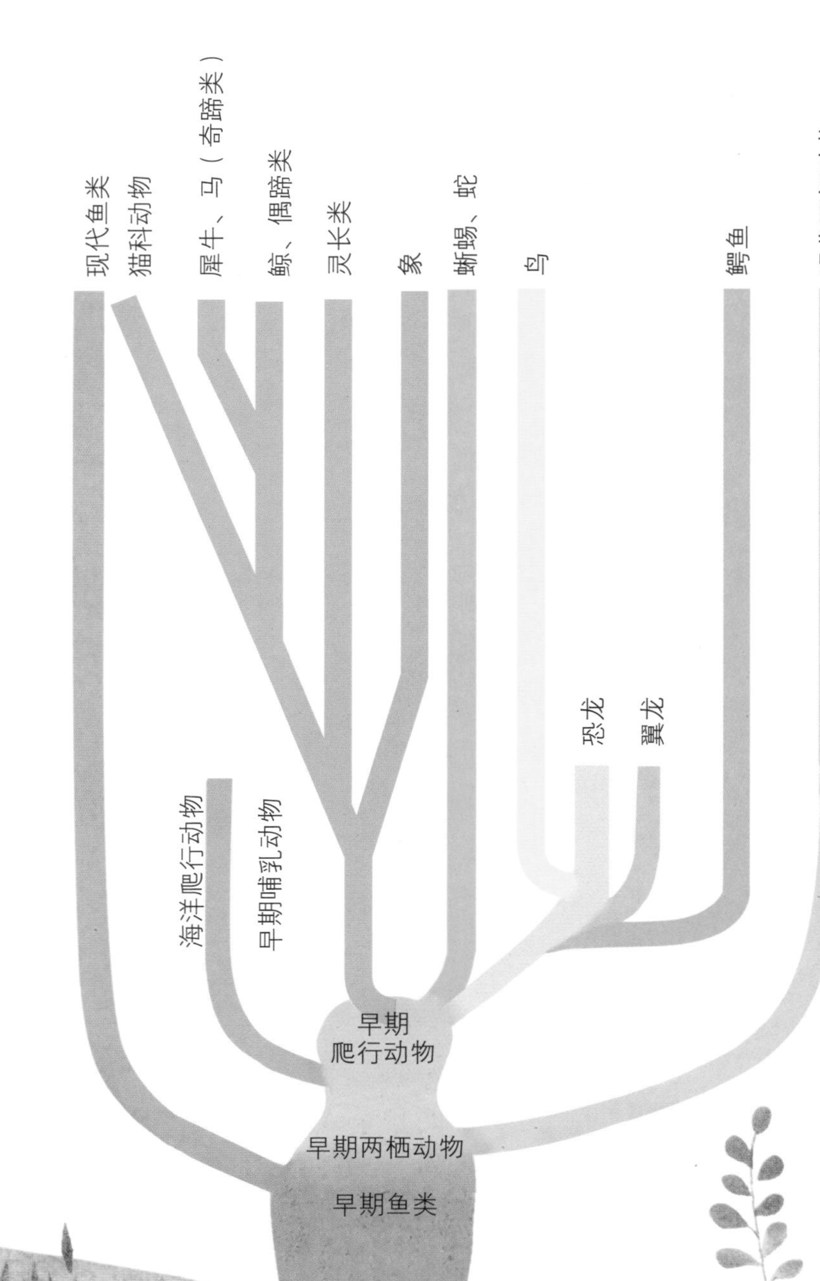

演化分支图

现在科学家们经常使用演化分支图，专注研究某类动物。在绘制演化分支图的时候，他们考察、对比不同动物的特征。通过寻找动物之间的共同点，来确定哪些动物之间的关系更紧密。

现代的演化分支图可以通过分析动物的DNA（细胞中的遗传物质）来绘制。科学家们利用DNA研究出某科动物在多久之前从另一种动物演化而来。

羊膜类

主龙类

蜥蜴、蛇

象

灵长类

哺乳动物

回到过去

地球历史上曾经出现过很多奇特又美丽的动物物种，有些在演化中戛然而止，另外一些则不断演化为我们今天还看得到的物种。现在你已经知道演化是怎么回事了，就让我们开始这趟生命之旅吧！

鲸、偶蹄类

犀牛、马（奇蹄类）

猫科动物

准备好了吗？让我们一起回到过去吧！

自然界大实验

5.4亿年前，奇怪的事情发生了——有着坚硬外壳的具外骨骼动物突然演化出来了。这件事听起来似乎没什么大不了，但影响巨大。在这之前，动物就是一些软嘟嘟、湿乎乎的生物，像小小的枕头一样，外面是可以变形的罩子，里面是软塌塌的器官，没有什么东西能够形成化石。现在，它们有了坚硬的外壳，就可以形成化石保存下来了。从这一刻起，我们才对生命如何演化有了清楚的认识。

试错

硬壳或者骨骼为演化出各种各样的新生物提供了条件。自然界似乎在尝试各种外形和生活方式，看看哪些有用、哪些没用。大部分新生物没能存活，但有一些不断演化，成为我们今天看到的动物。

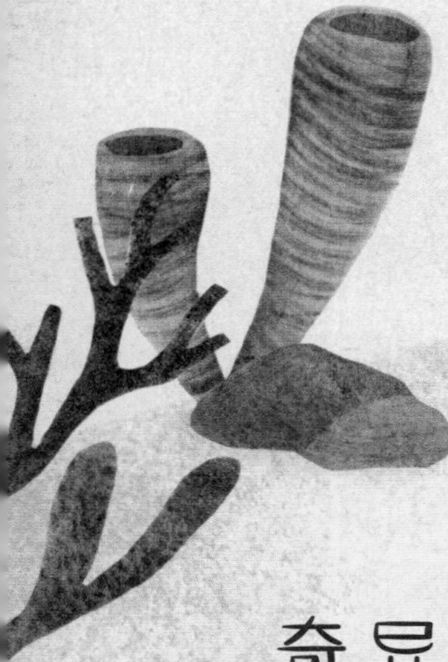

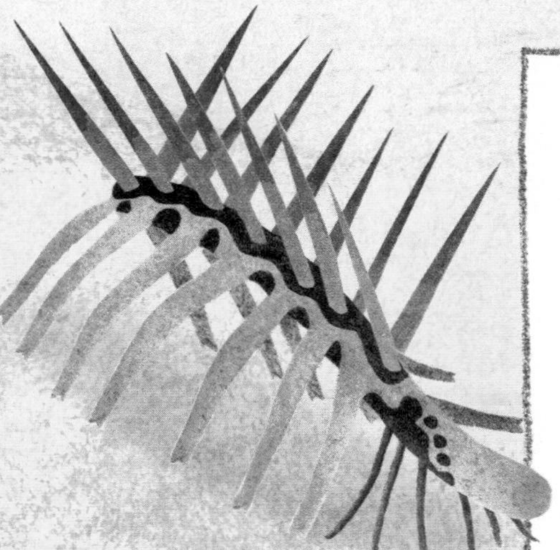

怪诞虫

尺寸：3厘米长

身体一侧长着触手，另一侧长着桩子一样的刺，在一端还有一段躯干。科学家们仍然在尝试搞清楚怪诞虫的生活方式——甚至是它到底哪一侧朝上。这种生物只生活在寒武纪。

奇异的化石

具外骨骼动物的演化标志着寒武纪的开始。在加拿大不列颠哥伦比亚省的一面山上，有许多寒武纪的石头，称为布尔吉斯页岩。其中就包含了这个时期海洋中演化出的大量奇形怪状的生物。

欧巴宾海蝎

尺寸：7厘米长

它有硬壳和分节的躯干，在长吻前端长着一对可以开合的颚，还有五只眼睛。数数看！这种生物也没能存活下来。

威瓦西亚虫

尺寸：5 厘米长

威瓦西亚虫的外形像披了锁子甲和尖刺的鼻涕虫，在当时分布极为广泛——在加拿大和中国都发现过它的化石。然而，它存在的时间并不长。

加拿大虫

尺寸：7.5 厘米长

加拿大虫是一种带硬壳的生物。它身体分节，前部有一个沉重的护盾，头部长着成对的腿和摄食器官。它很可能属于一个幸存下来的分支，演化成为现在的海洋节肢动物（这一类动物包括虾蟹等）。

皮卡虫

尺寸：4 厘米长

又一种成功的生物！皮卡虫在体内支撑结构上长着成对的肌肉，通过从一侧向另一侧摆动整个身体来游动。它像是一种早期的脊索动物——这类动物包括所有的脊椎动物，例如鱼、爬行动物、鸟类、哺乳动物，还有人类。

当鱼鳍变成脚

在地球历史的大部分时间里，所有生命形态都是在水中生存和演化的。直到4亿年前，生物才开始爬出水面。对所有脊椎动物来说，需要它们演化出肺，身体外形也要发生变化。

水与陆地

我们来看看水里的鱼和陆地上的蜥蜴之间的区别。前者能适应在水中生活，后者是生活在陆地的四足动物。

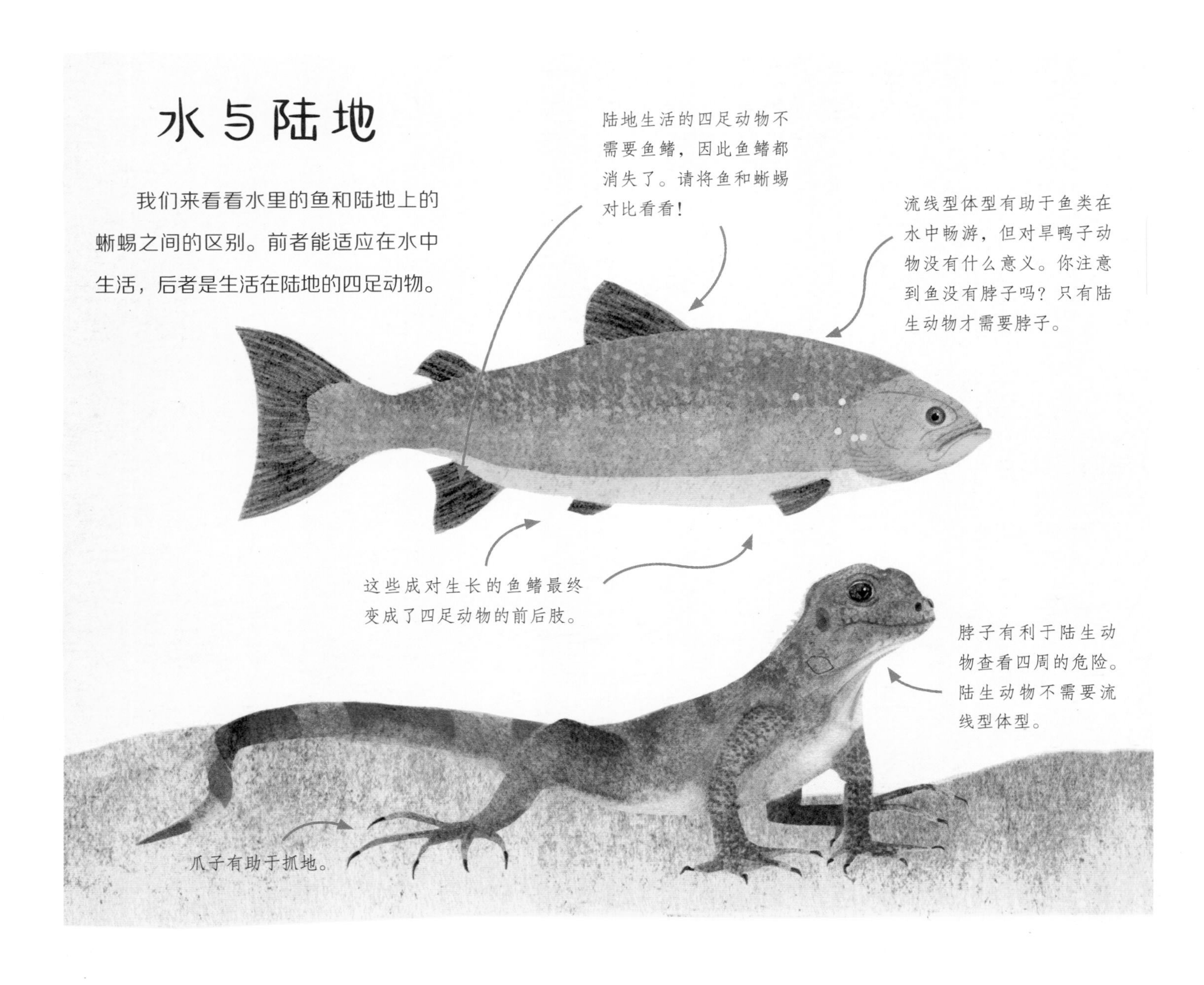

四足动物是什么？

“四足动物”是指陆生脊椎动物，字面意义就是有四只脚。它甚至也包括了两只脚的动物（例如鸟类）和没有脚的动物（如蛇）！这是因为鸟类和蛇类是从四足祖先演化而来的，因此也被列入四足动物类。

一次一步

脚看起来跟鱼鳍相差太远了，陆生动物跟鱼也一点儿都不像，但是别忘了，这些变化不是瞬间就完成的。为了更好地理解整个过程，我们来看几个处于鱼类和四足动物之间的奇怪的史前生物。

真掌鳍鱼

生存年代：3.85 亿年前（泥盆纪）
尺寸：1.8 米长

真掌鳍鱼的外形非常像鱼类，但有一些重要的不同点。

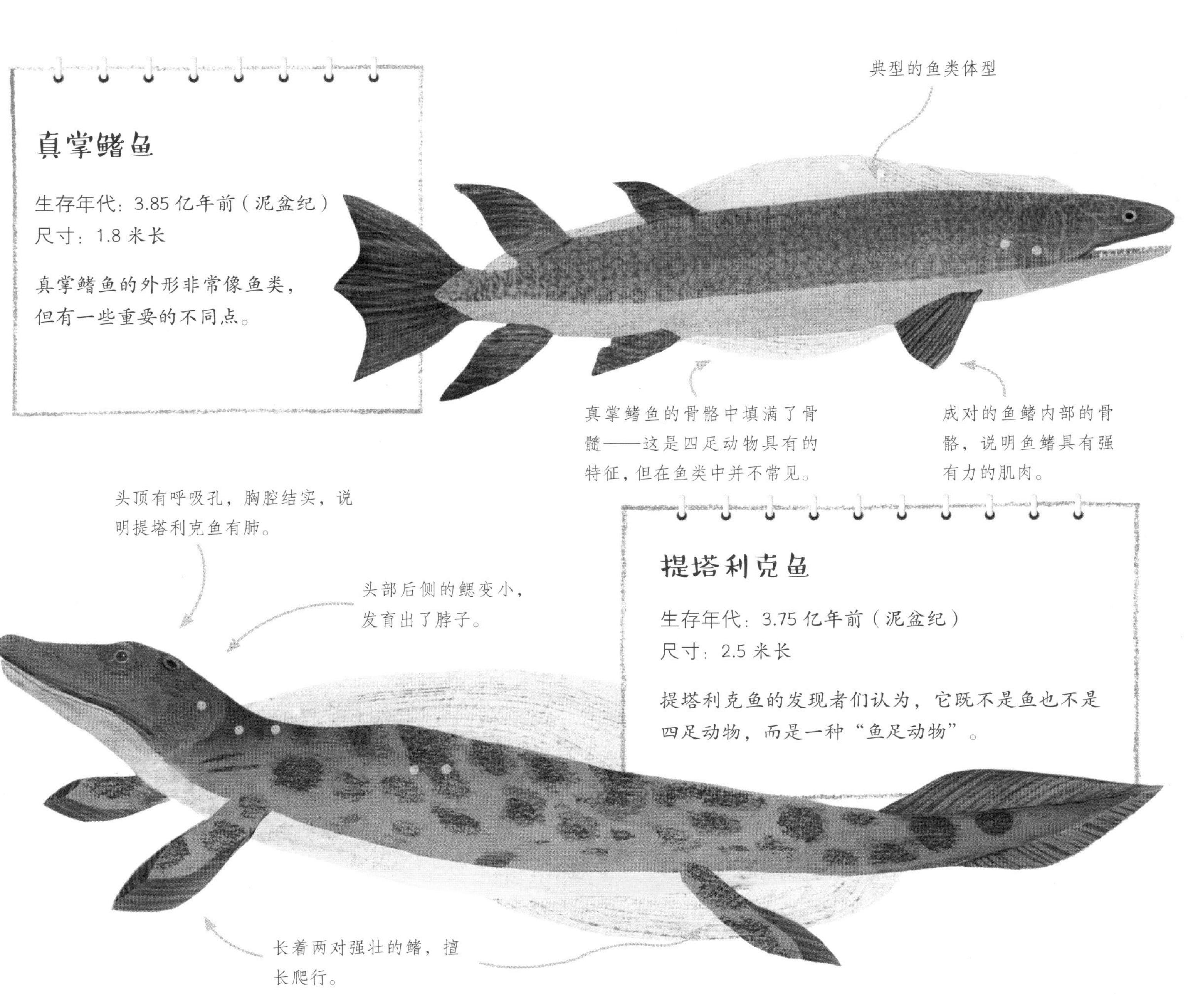

提塔利克鱼

生存年代：3.75 亿年前（泥盆纪）
尺寸：2.5 米长

提塔利克鱼的发现者们认为，它既不是鱼也不是四足动物，而是一种“鱼足动物”。

鱼石螈

生存年代：3.6 亿年前（泥盆纪）
尺寸：1.5 米长

鱼石螈的外形更像陆生动物，但科学家认为它大部分时间还是生活在水中。

尾部有一个类似于鱼类的鳍，就像现存的蝾螈一样，说明它大部分时间生活在水中。

尽管鳃仍然是鱼石螈的主要呼吸器官，但是它已经有肺了。

鱼石螈具有合适的四肢，长有脚趾。实际上，后脚上长着七个脚趾！

前腿的关节显示它可能在陆地上拖动身体前行。

为什么改变？

说来也奇怪，这些变化并不能让动物更好地适应陆地生活，只是有助于动物在杂草丛生的内陆浅水中生活！

新的家园

如果我们刚才看到的类似蝾螈的生物适应了生活在杂草丛生的浅水中，那么是什么促使它们最终爬到陆地上呢？是什么推动陆生四足动物的演化呢？

可能的原因很多。也许浅水塘偶然干涸了，生活在其中的动物就不得不穿越陆地去寻找新的水域。也许生活在浅水中的其他生物，例如海蝎，感受到威胁，到其他地方安家就成了不错的方案。也许陆地上新近演化出来的植物和昆虫，引诱较大型的动物爬到岸上寻找食物。

不管是什么原因，动物能更好地适应在杂草丛生的浅水中生活，为在陆地生存奠定了坚实的基础。科学家称它为“预适应”。接下来，你会发现，在干燥的陆地上生活，不仅仅要有肺和腿。

应对重力

重力带来了麻烦。在水中，动物受到浮力作用。到了陆地上，动物就需要强壮的四肢支撑它离开地面，需要结实的脊柱支撑整个骨骼结构。这些特征最早出现在卡西诺亚螈身上。

芝士湾蜥

生存年代：3.35 亿年前（石炭纪）

尺寸：15 厘米长

彼得普斯螈

生存年代：3.5 亿年前（石炭纪）

尺寸：1 米长

向前走路

要想在陆地上轻松行走，就必须脚部朝前，这样脚趾才能抓地。彼得普斯螈是已知最早脚部朝前的四足动物。到这个时期，脚趾的基本数量已经变成了五个——之前的动物，例如鱼石螈及其近亲，每只脚有七个或八个脚趾。

吃绿色植物

随着陆生植物的种类越来越多，动物演化出吃植物的能力，一点也不意外。阔齿龙是最早的食草动物之一。它像猪一样结实的身躯，反映出这种饮食习惯需要复杂的新消化系统。

阔齿龙

生存年代：2.9 亿年前（石炭纪）

尺寸：3 米长

西洛仙蜥

生存年代：3.3 亿年前（石炭纪）

尺寸：30 厘米长

带壳的蛋

源于水环境的脊椎动物（例如两栖类）不管多么适应陆地生活，都要返回水塘里产卵。接下来迈出的重要一步就是演化出具有坚硬防水外壳的蛋。实际上，蛋相当于自身配备了水塘，因此可以产在干燥的陆地上。形如蜥蜴的西洛仙蜥是最早产这种蛋的动物之一。

天时地利

石炭纪有茂盛潮湿的森林，是需要大部分时间在水中生活的动物理想的生存时期。但是，在石炭纪晚期，大范围的气候变化摧毁了众多森林，冰川时期到来了。新世界干燥寒冷，那些已经适应了在干燥陆地上生活的动物繁盛起来。

当蜥蜴回到水中

在三叠纪，一种新动物演化出来了。是鲨鱼吗？还是海豚？两者都不是。它有着这两种动物都有的流线型外形，背上长着鳍，尾巴强壮有力。但是这种新动物既不属于鱼类也不属于哺乳动物，它属于爬行动物——鱼龙。

鱼龙类

在四足动物登陆之后不久，有一些就尝试着回到祖先生存的海洋中。鱼龙是返回海洋生活的动物中最成功的。它的学名*Ichthyosaur*的字面意思是“鱼蜥蜴”。

长满牙齿的长颌

尖尖的吻

外形像骨质船桨的四肢，由软骨增强而来

短吻龙

生存年代：2.5 亿年前（早三叠世）
尺寸：40 厘米长

最早出现的一种“鱼蜥蜴”是体型小巧的短吻龙。它的身体呈流线型，有助于劈开水前进，它还长着适合游泳的特殊四肢。这些特征对于在海洋中生存至关重要。短吻龙很可能在海滩上扑通扑通跳着移动，就像海豹那样。它可能是从陆生爬行动物演化为鱼龙的过渡动物。

巢湖龙

生存年代：2.48 亿年前（早三叠世）
尺寸：2 米长

没过多久，经典的鱼龙体型就出现了，巢湖龙是最早的例子之一。它流线型的体型、尖吻、鳍肢及鳍状尾巴非常适合在水中游动，但也意味着它完全丧失了在陆地生活的能力。它不会到岸上产卵，而是直接在水中产下幼仔。

特殊四肢

鱼龙有鳍肢而没有手。人的手由14块指骨构成，而鱼龙的鳍肢有更多的骨头。鱼龙的趾骨都接合到一起，坚实地支撑着鳍肢。

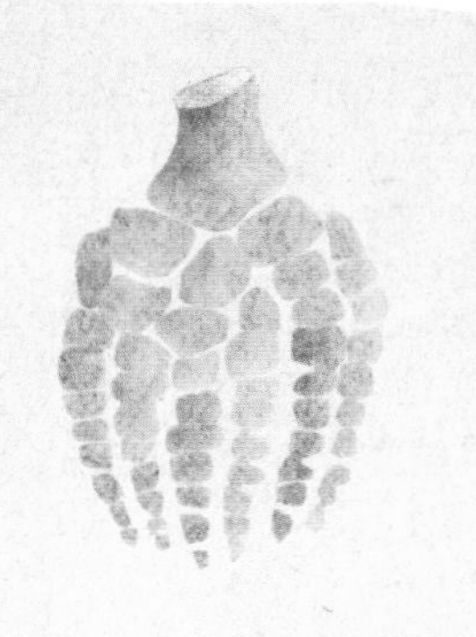

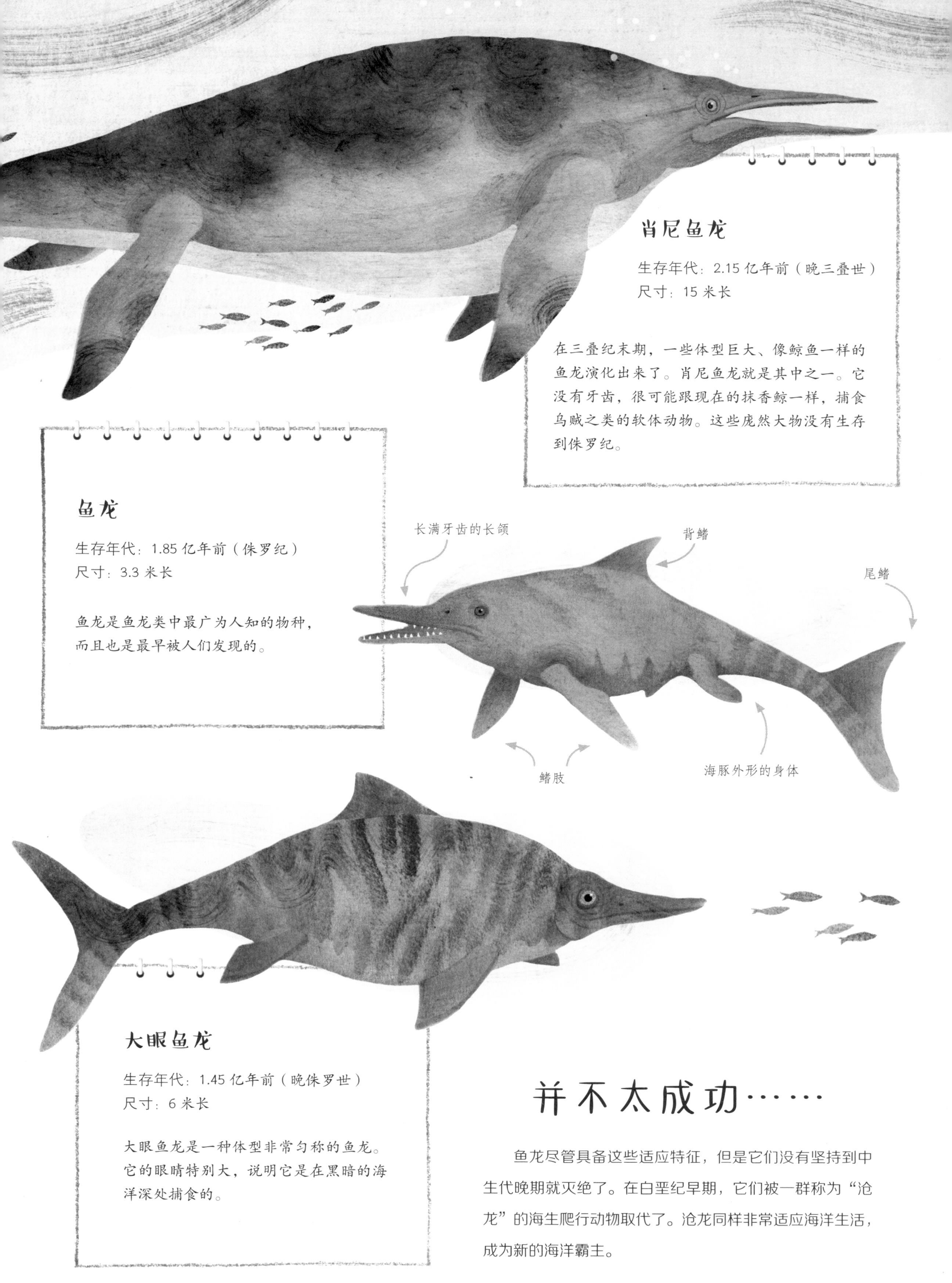

肖尼鱼龙

生存年代：2.15 亿年前（晚三叠世）
尺寸：15 米长

在三叠纪末期，一些体型巨大、像鲸鱼一样的鱼龙演化出来了。肖尼鱼龙就是其中之一。它没有牙齿，很可能跟现在的抹香鲸一样，捕食乌贼之类的软体动物。这些庞然大物没有生存到侏罗纪。

鱼龙

生存年代：1.85 亿年前（侏罗纪）
尺寸：3.3 米长

鱼龙是鱼龙类中最广为人知的物种，而且也是最早被人们发现的。

大眼鱼龙

生存年代：1.45 亿年前（晚侏罗世）
尺寸：6 米长

大眼鱼龙是一种体型非常匀称的鱼龙。它的眼睛特别大，说明它是在黑暗的海洋深处捕食的。

并不太成功……

鱼龙尽管具备这些适应特征，但是它们没有坚持到中生代晚期就灭绝了。在白垩纪早期，它们被一群称为“沧龙”的海生爬行动物取代了。沧龙同样非常适应海洋生活，成为新的海洋霸主。

蛇颈龙类

鱼龙并不是恐龙时代唯一生活在海洋中的爬行动物。另外一类主要的爬行动物是蛇颈龙。它们的祖先可以追溯到鱼龙出现的时期。但是和鱼龙不同，它们生存到了白垩纪末期。

克劳迪欧蜥

生存年代：2.5 亿年前（晚二叠世）
尺寸：60 厘米长

二叠纪时期，生存着一种小型的海洋爬行动物——克劳迪欧蜥，这种动物可能和蛇颈龙的祖先有亲缘关系。克劳迪欧蜥有时生活在陆地上，有时生活在海洋里。它灵巧地把长长的脖子、躯干和尾巴从一侧摆到另一侧来游动——就像现在的海鬣（liè）蜥。

与陆地生活相比，重量轻的骨骼更适应海洋生活

长蹼的脚适合游泳

纯信龙

生存年代：2.3 亿年前（中三叠世）
尺寸：3 米长

科学家坚信纯信龙是蛇颈龙类的祖先。它的脊椎骨比克劳迪欧蜥更硬，因此它不得不靠四肢而非扭动身体来游动。它的四肢是鳍肢，不是腿。

长脖子还是大脑袋？

蛇颈龙类形成了两个分支。每个分支朝着不同的方向演化。第一支称为薄片龙，脖子特别长，头部非常小。第二支称为上龙，脖子短，头特别大。

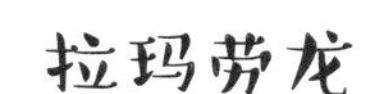

拉玛劳龙

生存年代：1.85 亿年前（早侏罗世）
尺寸：7 米长

拉玛劳龙理论上讲是一种上龙，但也可以说是介于上龙和薄片龙之间的物种。它脖子比较长，脑袋也比较大。

薄片龙

生存年代：8,000 万年前（晚白垩世）
尺寸：10 米长

薄片龙类中最令人震撼的就是薄片龙。它在白垩纪的大洋和浅海中游动，像现在的企鹅一样，用一种“飞行”的姿势挥动着鳍肢。它用奇长无比的脖子——有 72 块椎骨——快速捕食鱼类。

滑齿龙

生存年代：1.45 亿年前（晚侏罗世）
尺寸：6 米长

滑齿龙是典型的上龙，脖子非常短，头却硕大，有尖牙，有点像现在的抹香鲸。当它对捕食的其他大型海洋爬行动物发起攻击时，它那强有力的鳍肢能很快加速。

海洋怪兽

想象一下，史前海洋中，长满尖牙的爬行动物在昏暗的深处游动，那是一种什么样的情景？有些爬行动物体型很小，另一些则是庞然大物。有一些长得很像水手和艺术家们想象的海洋怪兽！幸运的是，这些恐怖的捕食者灭绝千万年后，人类才出现。

当爬行动物长出翅膀

每当我们看恐龙时代的场景图片，总能看到长着翅膀的动物在天空中盘旋。它们跟恐龙一样，是当时的环境中不可或缺的组成部分。但是这些长有翅膀的动物不是鸟类，它们是会飞的爬行动物——翼龙。

通过很多不同类型的翼龙化石，我们搞清楚了它们出现之后的演化历程。但还有一件事我们不太清楚——它们是从什么演化而来的？

翼龙家族

我们知道，翼龙和恐龙有亲缘关系，那它们的直接祖先是谁呢？有两种可能。

一种可能是它们的祖先为“恐龙型类”的一员。“恐龙型类”是恐龙最近的祖先。生活在晚三叠世的斯克列罗龙，体长约20厘米，就是一个很好的例子。近期的研究发现，它能像袋鼠一样跳跃。也许这是通向飞行之路的早期阶段？

斯克列罗龙的腿长得像袋鼠，可以帮助它们跳起来捕捉空中的昆虫。

另一种可能是它们的祖先位于演化分支上更早的地方，属于“主龙型类”。这些动物是恐龙更早的祖先，同时也是鳄鱼及恐龙时代生活的所有其他动物的祖先。这就意味着，它们离演化成能够飞行的生物还远着呢！

体长50厘米、生活在早三叠世的原蜥，是主龙型类的绝佳代表。

一个误会

科学家曾认为，三叠纪时期会滑翔的爬行动物沙洛维龙可能是翼龙的祖先，但现在人们不这么认为了。它们和翼龙之间唯一共同的特征就是后腿之间用于滑行的薄膜。这种特征可以让沙洛维龙滑翔，但不能让它飞行，而且它不比当时的其他滑翔类爬行动物更像翼龙。

飞向空中

不管翼龙的祖先是谁，它们突然出现在了晚三叠世。最早的一类翼龙称为喙嘴龙亚目，都有窄翅膀、长尾巴、短脖子、短腕骨。

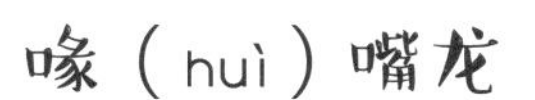

喙（huì）嘴龙

生存年代：1.5 亿年前（晚侏罗世）
尺寸：翼展 1.8 米

喙嘴龙是喙嘴龙亚目的代表。它那针一样尖锐的牙齿说明它很可能捕食鱼类。

侏罗纪晚期，喙嘴龙亚目中的一个物种演化成了翼手龙亚目。与之前的类型不同，翼手龙亚目翅膀宽、尾巴短、脖子长、腕骨长。这些翼手龙类取代了之前的翼龙类，称霸天空，一直生存到恐龙时代晚期。

翼手龙

生存年代：1.5 亿年前（晚侏罗世）
尺寸：翼展 1 米

翼手龙是翼手龙亚目的典型代表，是最早发现化石证据的会飞的爬行动物。

达尔文翼龙

生存年代：1.6 亿年前（中侏罗世）
尺寸：翼展 1 米

达尔文翼龙的蛋化石已经被人们发现了，它的蛋壳柔软得像皮革，和蛇类、鳄鱼的蛋相似，不过没有鸟类和恐龙的蛋坚硬。

我们是如何知道的？

科学家之所以能知道喙嘴龙亚目演化成翼手龙亚目，是因为发现了一种翼龙的化石具有两者的特征。这就是所谓的“过渡类型”。达尔文翼龙生活在侏罗纪中期。它具有喙嘴龙亚目的体型、尾巴和翅膀，同时具有翼手龙亚目长长的脖子和头部。

空中霸主

看看今天在空中飞翔的鸟类，它们真是千姿百态。有的鸟体型小，吃昆虫，喙小而尖。有的鸟体型大，吃水果，喙可以撬开坚果。有的鸟是滤食性的，喙就像筛子。有的海鸟，长长的喙能捉鱼。

翼手龙亚目同样如此。在侏罗纪末期，它们的基本形态演化出来之后，就形成了各式各样的头部形态，适应各种类型的生活方式。我们来认识一下它们吧！

翼手龙

翼手龙长长的颌骨及前部锋利的牙齿让它非常擅长捕食蜥蜴、昆虫和鱼等生物。

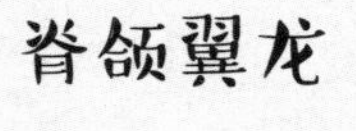

脊颌翼龙

脊颌翼龙的牙齿像针一样锋利，用于捕捉滑溜溜的猎物，颌骨顶端的薄片有助于破开水面。它是捕食鱼类的。

古神翼龙

古神翼龙有头冠，短而强壮的颌骨非常适合食用果实和植物的其他部位。

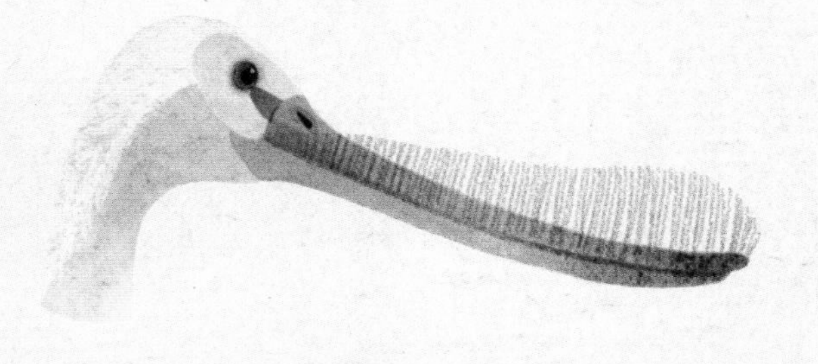

南翼龙

南翼龙长而窄的颌骨上长着鬃毛状结构，说明它会从浅滩中滤食小动物，像现在的火烈鸟一样。

夜翼龙

你知道有多少种翼手龙亚目长着大大的头冠吗？其中最奇特的，就是没有牙齿的夜翼龙了。我们还不知道头冠有什么用。也许它是用来支撑翅膀一般大的背帆的，不过我们也没法确定。真是一个谜！

翼龙怎么飞？

翼龙的翅膀不是简单用皮肤连起来的网，而是包含了气囊。这些气囊给翅膀提供了符合空气动力学的截面，就跟飞机机翼一样。气囊同时有助于它们呼吸，让这些恒温动物获得足够的氧气。冷血爬行动物是无法快速移动来实现飞行的。

陆地怪兽

翼龙不仅称霸天空。一些体型庞大的翼龙，例如风神翼龙，直立时跟现在的长颈鹿差不多高。它们可能大部分时间在陆地上生活。我们现在知道这种翼龙站起来的样子，是因为研究了它们的足迹化石。化石显示出它的扁平后足长有四个脚趾，前足有两到三个脚趾，化石还有体侧翅膀拖动的痕迹。在陆地上的时候，庞大的风神翼龙可能捕食小型恐龙。

当鳄鱼统治世界

鳄鱼趴在泥滩中，伪装成一截树木。好长时间它都一动不动，保存体力。一只毫无防备的羚羊来到了水边。突然，鳄鱼猛地发力，从水面跃出，抓住羚羊拖到水下。之后，鳄鱼又恢复慢吞吞的状态，悠闲地享用猎物。

人们经常说鳄鱼自从恐龙时代开始就没什么变化，所以你可能觉得鳄鱼一直是冷血的水栖动物。实际上，真实的情况比这有趣得多。

早在恐龙出现之前，鳄鱼类生物就已经存在了，而且有各种类型，从小型的昆虫捕食者到大型捕猎者。鳄鱼类曾经强大而活跃，还是恒温动物，统治世界长达5,000万年左右，直到恐龙出现。

黄昏鳄

生存年代：2.2 亿年前（晚三叠世）
尺寸：1.5 米长

蹦蹦跳跳的小型黄昏鳄是鳄鱼的远祖。它是一种动作迅速的捕猎好手，很可能生活在三叠纪时北部大陆的绿洲中，捕食小的蜥蜴甚至昆虫。

屠夫鳄

生存年代：2.3 亿年前（晚三叠世）
尺寸：3 米长，1.5 米高

屠夫鳄是一种牙齿锋利的肉食捕猎者，能够用后腿站立，有人会误认为它是一种恐龙。但是，化石显示它的髋关节跟恐龙完全不同，而且头骨结构证明它是鳄鱼家族的一个成员。

蜥鳄

生存年代：2.3 亿年前（晚三叠世）
尺寸：7 米长

蜥鳄是当时最大型的食肉动物。早期恐龙会避开蜥鳄。这种强大的生物生活在三叠纪时，就像今天的狮子一样：它在河边的蕨类植物森林中潜行，捕食大型的食草爬行动物。

锹鳞龙

生存年代：2.2 亿年前（晚三叠世）
尺寸：3 米长

不是所有远古鳄鱼都是食肉动物。其中有一些，例如锹（qiū）鳞龙，就是食草动物。锹鳞龙有着笨重的身体、像猪一样的头和吻，生活在晚三叠世北部大陆的沙漠中，啃食散落生长的稀少的植物。

有角鳄

生存年代：2.2 亿年前（晚三叠世）
尺寸：5 米长

有角鳄是锹鳞龙的近亲和邻居，成群聚居。它的背部有保护鳞甲，体侧和肩部长着尖刺。它需要这些装备保护自己免受早期食肉鳄鱼的袭击。

冷血热心

早期的鳄鱼类型中，只有那些动作缓慢、半水生的类型幸存至今。如果我们仔细观察现在的鳄鱼，就能发现一些线索，看出其错综复杂的历史。

仔细观察现在鳄鱼的踝部骨骼，可以看出它们的祖先曾经完全生活在陆地上。尽管它现在属于冷血动物，可是它的心脏还是恒温动物的心脏。这是因为它的祖先像鸟类和哺乳动物类一样，是恒温动物。你看，鳄鱼可不像表面看到的那么简单！

各有各的地盘

鳄鱼曾经风光无比，但是后来恐龙出现了。鳄鱼王朝从此结束！

不过鳄鱼没有就此灭绝，它们避开恐龙的地盘，重新寻找安全的栖息地。在恐龙时代，可以发现恒温的鳄鱼近亲们在沼泽里打滚儿，在地底下打洞，甚至在海洋中游泳。

地鳄

生存年代：距今 1.5 亿年 ~ 1.36 亿年（晚侏罗世）

尺寸：3 米长

地鳄与同时期的鱼龙相似，也非常适应海洋生活，它长着鳍肢，尾部还有像鱼一样的鳍。在侏罗纪初期，各种新的鱼类和乌贼类动物出现在海洋中，它们成了地鳄等动物的美食。当时有很多海生爬行动物，但是恐龙没有尝试进入海洋生活，这就给地鳄留出了生存空间。

鸭鳄

生存年代：1.12 亿年前（早白垩世）

尺寸：70 厘米长

鸭鳄拥有宽宽的类似鸭子的喙，在浅水塘和溪流中搜寻在泥土中生活的小生物，就像现在的鸭子一样。它脚趾分开，腿部较长，有助于它在软软的泥土中行走。

犰狳鳄

生存年代：8,000 万年前（晚白垩世）
尺寸：2 米长

南美洲会挖洞的犰狳（qiú yú）鳄跟现在的犰狳一样身披盔甲。它的颌骨显示，它可以像哺乳动物一样咀嚼食物，牙齿能够咬碎肉类、昆虫、植物的根等多种食物。

狮鼻鳄

生存年代：7,000 万年前（晚白垩世）
尺寸：75 厘米长

狮鼻鳄鼻子扁平、身体庞大、腿长、尾巴短，一点儿也不像鳄鱼。它生活在马达加斯加，头部和体型说明它肯定是食草动物。

帝鳄

生存年代：1 亿年前（白垩纪）
尺寸：12 米长

帝鳄大到足以捕食恐龙。它看起来跟现代鳄鱼已经非常像了。帝鳄的化石证明，现代鳄鱼的特征——冷血、移动缓慢、半水生的伏击捕猎者——在恐龙时代就已经形成了。

当蛇还有脚

蛇是比较奇怪的生物。科学家把它们归为四足动物类，但是现在的蛇看起来一只脚也没有！

有许多故事试图解释蛇的脚去哪儿了。古希腊人说，海神波塞冬看到有一种懒惰的动物——蛇，在陆地上不用腿走路，因此，他命令老虎将它的腿咬掉，作为对它懒惰的惩罚。

当然，真相比这更复杂。

蛇的脚去哪儿了？

通过基因研究，我们发现蛇和蜥蜴是近亲。蛇的祖先是蜥蜴类的一种，也长着四只脚。现在的蛇有一个抑制四肢生长的基因。蛇细长、没有腿的体型不是受到惩罚，而是为了适应特定生活方式，尤其适宜游泳和在洞穴生存。

腿部残留

现在的蟒蛇骨骼中还留有一小点儿腿骨和髋骨，你可以在胸骨下端找到它们。这就是蛇的祖先有腿的证据。

四足蛇

生存年代：1.5亿年前（早白垩世）
尺寸：15厘米长

巴西的四足蛇看起来像蛇，但长着两对很小的腿。一些科学家认为它可能根本不是蛇，而是蛇的近亲。

完美适应环境的动物

蛇的不同寻常不仅仅是因为没有脚。它们的眼睑是透明的，而且总是闭着，这样钻洞时可以免受土壤颗粒的侵扰。蛇只有一个能起作用的肺——更适合长在狭长的身体内。蛇的椎骨和肋骨数量比其他四足动物都多，便于实现灵活、蜿蜒的移动方式。蛇没有爪子，它们有其他杀死猎物的方式——蛇毒或勒挤。

厚蛇

生存年代：9,500 万年前（晚白垩世）
尺寸：1 米长

厚蛇是在以色列发现的一种会游泳的蛇。它仍然保留着一对后腿。骨骼和肋骨的强度说明它在海洋中游泳捕猎，就像现在的海蛇一样。

狡蛇

生存年代：9,500 万年前（晚白垩世）
尺寸：2 米长

另一种长着后腿的蛇是狡蛇，生活在阿根廷。它的腿非常小，应该没什么用。狡蛇似乎是一种穴居蛇类。

泰坦巨蟒

生存年代：6,000 万年前（古新世）
尺寸：13 米长

体型庞大的泰坦巨蟒化石发现于哥伦比亚，是无腿体型的代表，自从白垩纪时期就存在了。泰坦巨蟒在恐龙灭绝之后生存了下来，但是在大型哺乳动物演化出来前就灭绝了，所以我们不能确定这种怪兽到底吃什么。它可能捕食生活在雾气缭绕的热带环境中的大型鳄鱼。

当鸟还有牙

鸟，啾啾鸣叫，身披羽毛，体型娇小，不仅歌声婉转，还是飞行大师。事实上，它们的远古祖先是凶猛的食肉恐龙，真让人难以理解。我们观察恐龙时代生存的鸟类化石，会发现它们是如何变化的——上肢变成了翅膀，颌骨变成了喙。

中途阶段

我们认识到鸟类是恐龙的后代，已经有150多年了。德国的矿工发现了始祖鸟的化石，这种动物一半像恐龙一半像鸟。我们来看一种典型的小型食肉恐龙和一种现代鸟，把它们的特征跟始祖鸟做比较。

中华龙鸟

生存年代：1.3 亿年前（早白垩世）
尺寸：1.1 米长

中华龙鸟跑得很快。它胃中的遗存物化石显示，它捕食小型的蜥蜴和哺乳动物。它是人们发现的第一种带羽毛的恐龙，不过我们现在已经知道很多恐龙都有羽毛。

鹦鹉

生存年代：2,000 万年前至今
尺寸：因种类不同而有所差别

与之前的恐龙不同，鹦鹉等现代鸟类演化出一种有利于飞行的体型，它们退化掉祖先的前爪、牙齿和骨质尾。

始祖鸟

生存年代：1.5 亿年前（晚侏罗世）
尺寸：50 厘米长

始祖鸟是最为重要、最令人兴奋的化石发现之一，因为它具有的混合特征首次证明了恐龙演化成鸟类的可信度。始祖鸟的学名意思是“古代的翅膀”。

恐龙还是鸟？

这些变化不是瞬间发生的。小小的改变，例如牙齿的消失或者长羽毛的出现，都让具有这些特征的动物更容易寻找食物和在树林间移动。最终，所有的变化累积起来，形成了体重轻到可以飞翔的动物——我们所知道的鸟类就出现了。

你可能认为，恐龙在6, 600万年前就灭绝了，但事实上，我们称为恐龙的动物与我们称为鸟的动物，它们之间的界限非常模糊，很多古生物学家认为鸟类仍然应该叫恐龙！

细说鸟的构成

鸟类的特征不是一下子就形成的。这些特征也不是特意为了飞翔才出现的。每一种特征——有羽毛、轻质喙、沉重尾巴的退化等，都在不同类型的恐龙身上一次又一次地发展形成。最终，这些特征结合在一起，才形成了我们今日所知的会飞的鸟类。

恒温

在白垩纪时期，到恐龙时代快结束的时候，一些小型的食肉恐龙演化出了鸟类的一些特征。它们已经身披羽毛，这说明它们是恒温动物，并且适应了活力充沛的生活方式。

耀龙

生存年代：1.64 亿年前（晚侏罗世）
尺寸：25 厘米长

耀龙跟鸽子差不多大小，有一个又短又粗的尾巴，上面有长长的尾羽。

尾羽龙

生存年代：1.25 亿年前（早白垩世）
尺寸：1 米长

尾羽龙不会飞，有点儿像腿长的火鸡。在上肢和尾巴上有长长的装饰性羽毛，短颌里有牙齿。

孔子鸟

生存年代：1.6 亿年前（晚侏罗世）
尺寸：25 厘米长

孔子鸟的体型和乌鸦差不多大，有长长的尾羽、真正的翅膀和喙，而且它会飞。但它的翅膀上有爪子。

燕鸟

生存年代：1.25 亿年前（早白垩世）
尺寸：30 厘米长

燕鸟和鸡差不多大，和现代的鸟长得完全一样，除了它有小小的牙齿。

羽毛的作用

那些长羽毛的恐龙，它们的羽毛最初不是用于飞行的。短羽毛用来保暖，翅膀和尾巴上的长羽毛为了吸引配偶和吓唬敌人。这些恐龙中，只有少数几种，体重轻到可以飞行。这些不同类型的恐龙，不管是能飞的还是不能飞的，都生活在不同的地方——有些是在树林中，有些是在地面上。

灾难袭来

白垩纪晚期，一颗小行星撞上了地球。冲击波、火灾和海啸瞬间造成了灾难。漫长的气候变化使得世界上大片大片的区域不再适合动物生存。这个意外灭绝了地球上大部分生命，包括所有的恐龙以及大多数新出现的鸟类。哪些是幸存下来的鸟类呢？为什么它们会幸存呢？

鸟类的复兴

小行星撞击地球后，地球变得一团糟！所有的森林都烧光了。所有树栖的动物，包括鸟类，都消失了。

但不是所有生物都被毁灭了。幸存者大部分是小型动物，它们不会只吃某种特定食物或只适应某种特定生活方式。在巨大的灾变中，它们可以找到藏身之处，依靠一小点食物生存下来。

那些非特化的、体型小的鸟类幸存下来了，例如生活在地面而非树林中的类群。

行走的幸存者

在小行星撞击后的古近纪，已知幸存的早期鸟类之一是福柔鸟。它的长腿说明它在地面上生活，而不是在树上。

小行星撞击摧毁了地球上所有的森林植被，直到140万年后，森林才恢复生机。这时，在地面生活的鸟类，比如福柔鸟，再次演化成树栖动物，以及其他不同生活习性的鸟类。

福柔鸟

生存年代：4,800 万年前（始新世）
尺寸：60 厘米长

桨翼鸟

生存年代：2,800 万年前（渐新世）
尺寸：2 米长

桨翼鸟的翅膀变成了鳍肢，习惯游泳而不是飞行，就像现在的企鹅一样。

新兀鹫

生存年代：3,700 万年前（始新世）
尺寸：翼展 1 米

秃鹫（jiù）的吃腐肉的生活方式在新兀鹫身上出现了，它看起来像一种腿很长的秃鹫。

蓬戈纳鹰

生存年代：2,300 万年前（中新世）
尺寸：翼展 1.8 米

蓬戈纳鹰是一种与现在的鹰类非常相似的鸟。

生命的多样性

在千百万年的时间里，鸟类演化出了多种多样的外形。想想我们今天看到的一切奇妙的鸟类——有吃种子的鸟、有捕捉昆虫的鸟、有大型的老鹰、有体型很小的蜂鸟、有绚丽多彩的孔雀，甚至还有体型庞大不会飞的鸵鸟和鸸鹋（ér miáo）。它们远古的祖先都是大型的食肉恐龙。

类合趾鸟

生存年代：4,800 万年前（始新世）
尺寸：18 厘米长

类合趾鸟像现在的翠鸟一样，靠捕鱼为生。

长老会鸟

生存年代：5,000 万年前（始新世）
尺寸：45 厘米高

长（zhǎng）老会鸟是一种涉禽，生活在水边，有点儿像现在的鸭子，但是外形更像火烈鸟。

当鲸会走路

鲸！我们这个星球上最大型的动物。它的心脏就重达一吨，动脉血管粗到你可以在里面游泳，舌头和一只大象一样重，一天能吞下数吨小的海洋生物！但是如此大型的鲸，迄今为止，只在地球上生活了200万年。5,000万年前，它们的祖先和现在截然不同……

鲸的祖先

我们将从5,000万年前的始新世开启我们的旅程。让我们跟随一只和猫一样大的动物，它正在现在的巴基斯坦地区长满蕨类植物的河岸边，蹦蹦跳跳地往前走呢。它是印多霍斯兽，属于演化成为鲸的一个类群。当时，这片区域遍布着沼泽、三角洲和潟（xì）湖，接下来的数百万年内，大多数鲸的祖先都生活在这里。我们来看一下鲸最早的四个祖先，它们看起来一点儿也不像鲸。

耳骨的形状让我们判定它跟鲸类有亲缘关系。

印多霍斯兽的牙齿显示出它是食草动物。

印多霍斯兽

生存年代：4,800 万年前（始新世）
尺寸：80 厘米长

印多霍斯兽细长的腿骨相当重，说明它有时会待在水中。科学家认为它会利用水逃脱捕食者，就像现在的鼷（xī）鹿。鼷鹿就是在非洲的河岸边觅食，猛禽出现时就跳进水里逃脱。

巴基鲸

生存年代：5,000 万年前（始新世）
尺寸：2 米长

巴基鲸是另外一种两栖动物，既在水中又在陆地上生活。骨骼化石的化学物质证明，它喜欢在淡水中打滚，吃陆地动物和植物。

眼睛像鳄鱼，长在头骨顶部，这样它潜水时还可以看到水面上的情况。

巴基鲸的牙齿说明它是食肉动物。

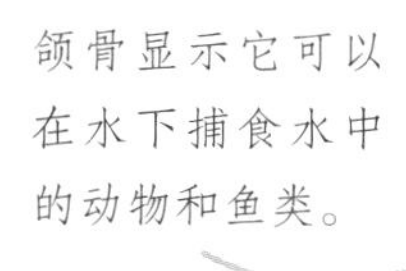

它有强壮的后腿和尾巴，意味着它能像现在的水獭一样游泳。

游走鲸

生存年代：4,900 万年前（始新世）
尺寸：3 米长

游走鲸大部分时间生活在水里，像鳄鱼一样。骨骼的化学成分显示，它生活在淡水和海水中。它可能像它的祖先一样长着皮毛，或者像后来的水生哺乳动物一样皮肤裸露，但是没有证据证明它到底属于哪种情况。

它的脚很宽，可能有蹼。

雷明顿鲸

生存年代：4,500 万年前（始新世）
尺寸：3 米长

雷明顿鲸长得像鳄鱼，作为鲸的祖先之一，它几乎一直生活在海里。它的耳朵像鲸，用来在陆地上保持平衡的结构已经消失了，这说明它大部分时间生活在海中。

鲸的外形演化

很快，鲸变成了完全的水生动物。它们不再需要到陆地上生活，因此失去了走路的能力。它们用来支撑体重的腿消失了，成为鳍和鳍肢。它们的身体变成流线型，使它们可以在水中快速游动。它们看起来有点像现在的鲸了。

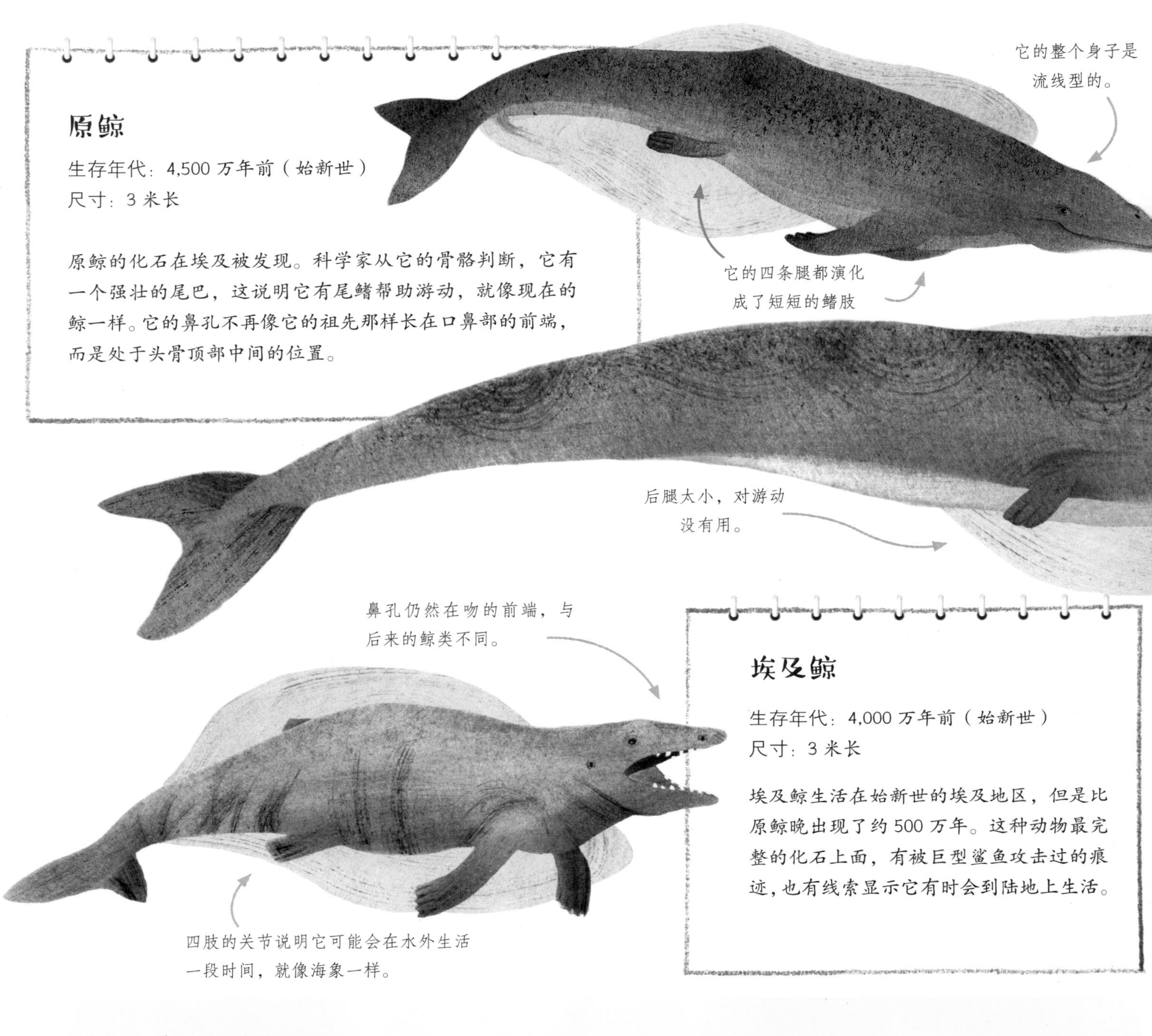

原鲸

生存年代：4,500 万年前（始新世）
尺寸：3 米长

原鲸的化石在埃及被发现。科学家从它的骨骼判断，它有一个强壮的尾巴，这说明它有尾鳍帮助游动，就像现在的鲸一样。它的鼻孔不再像它的祖先那样长在口鼻部的前端，而是处于头骨顶部中间的位置。

埃及鲸

生存年代：4,000 万年前（始新世）
尺寸：3 米长

埃及鲸生活在始新世的埃及地区，但是比原鲸晚出现了约 500 万年。这种动物最完整的化石上面，有被巨型鲨鱼攻击过的痕迹，也有线索显示它有时会到陆地上生活。

找出鼻孔的位置！

最早的鲸的鼻孔位于吻的前端，就像现在的犬类、鹿类和其他许多陆生动物一样。

后来，鲸的鼻孔往后移了，有助于它们在水面上呼吸。

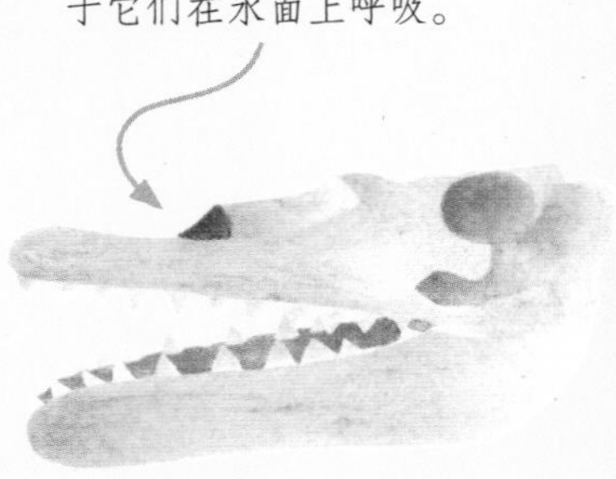

现在的鲸的鼻孔位于头骨顶端，形成喷水孔。

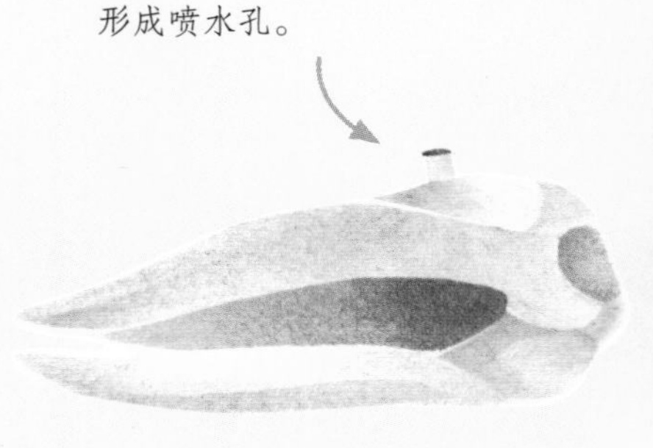

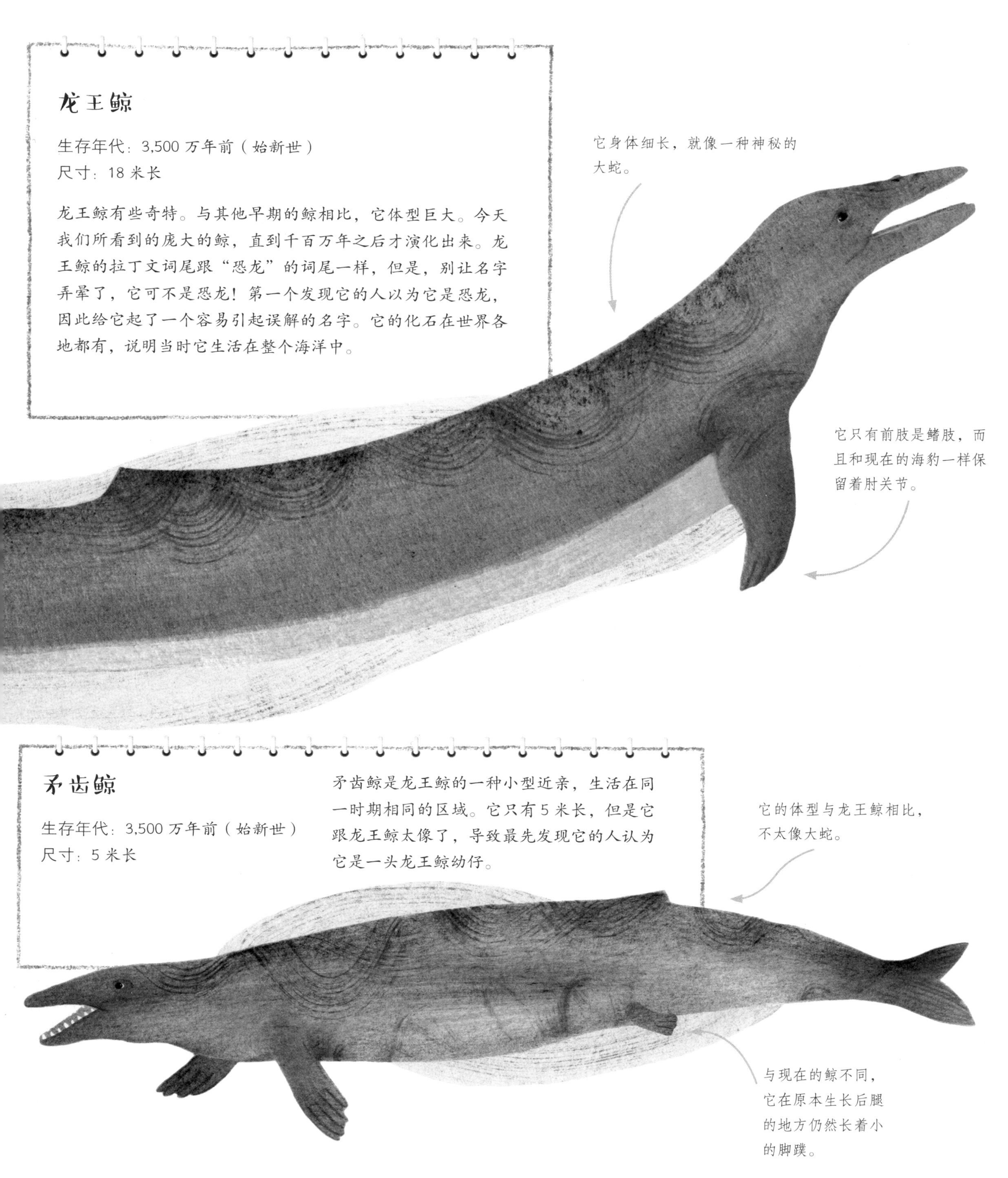

龙王鲸

生存年代：3,500 万年前（始新世）
尺寸：18 米长

龙王鲸有些奇特。与其他早期的鲸相比，它体型巨大。今天我们所看到的庞大的鲸，直到千百万年之后才演化出来。龙王鲸的拉丁文词尾跟“恐龙”的词尾一样，但是，别让名字弄晕了，它可不是恐龙！第一个发现它的人以为它是恐龙，因此给它起了一个容易引起误解的名字。它的化石在世界各地都有，说明当时它生活在整个海洋中。

矛齿鲸

生存年代：3,500 万年前（始新世）
尺寸：5 米长

矛齿鲸是龙王鲸的一种小型近亲，生活在同一时期相同的区域。它只有 5 米长，但是它跟龙王鲸太像了，导致最先发现它的人认为它是一头龙王鲸幼仔。

牙齿中的故事

这里展示的四种动物都属于古鲸类群。它们的牙齿很有特色。在它们颌骨的前部长着尖锐的牙齿，利于抓住猎物；而后部长着三角形锯齿状的牙齿，牙根很深，能将猎物撕成碎片。它们捕食比自己小的海洋动物和鱼类。它们化石骨骼上的损伤证明捕食它们的是巨型鲨鱼。但是，随着鲸继续演化，这一切将发生改变。

现代鲸

现代鲸分为两类：须鲸类和齿鲸类。这两种鲸在大约3,000万年前就分化了。

须鲸类的体型更庞大。它们没有牙齿，靠滤食海水中的磷虾为生。它们用嘴中的软骨板，也就是鲸须进食。它们大口大口地吸入海水，然后用巨大的舌头把海水从鲸须缝隙中挤出去，这样磷虾就跑不出去了。

齿鲸类一般体型较小，它们用牙齿捕食乌贼和鱼类。它们的牙齿跟祖先的牙齿不一样，所有牙齿大小相同，形状也一样。海豚和其他小型鲸也属于这一类。在我们跟随鲸的祖先从古至今的旅程中，我们将重点关注须鲸类。

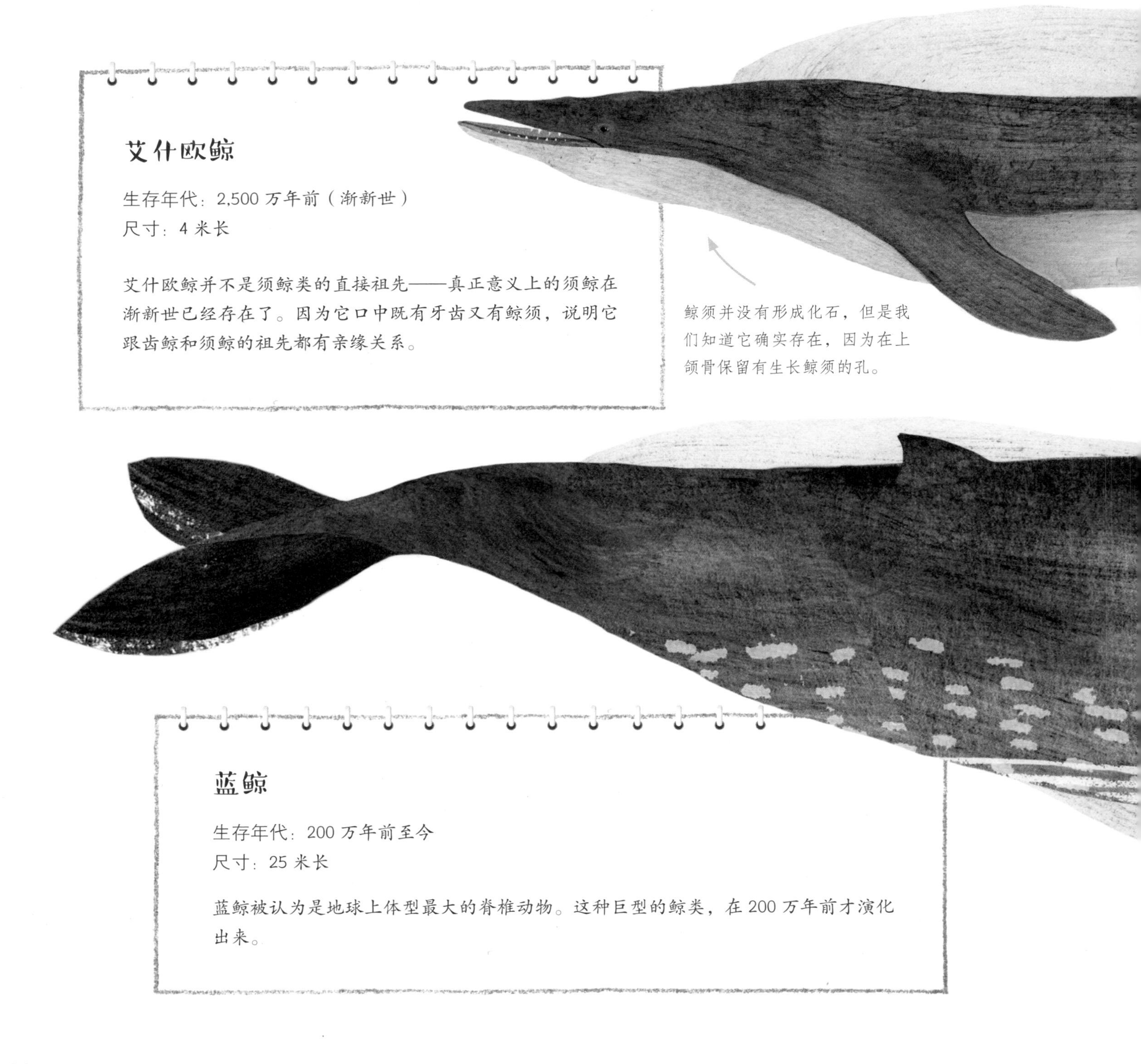

艾什欧鲸

生存年代：2,500 万年前（渐新世）
尺寸：4 米长

艾什欧鲸并不是须鲸类的直接祖先——真正意义上的须鲸在渐新世已经存在了。因为它口中既有牙齿又有鲸须，说明它跟齿鲸和须鲸的祖先都有亲缘关系。

鲸须并没有形成化石，但是我们知道它确实存在，因为在上颌骨保留有生长鲸须的孔。

蓝鲸

生存年代：200 万年前至今
尺寸：25 米长

蓝鲸被认为是地球上体型最大的脊椎动物。这种巨型的鲸类，在 200 万年前才演化出来。

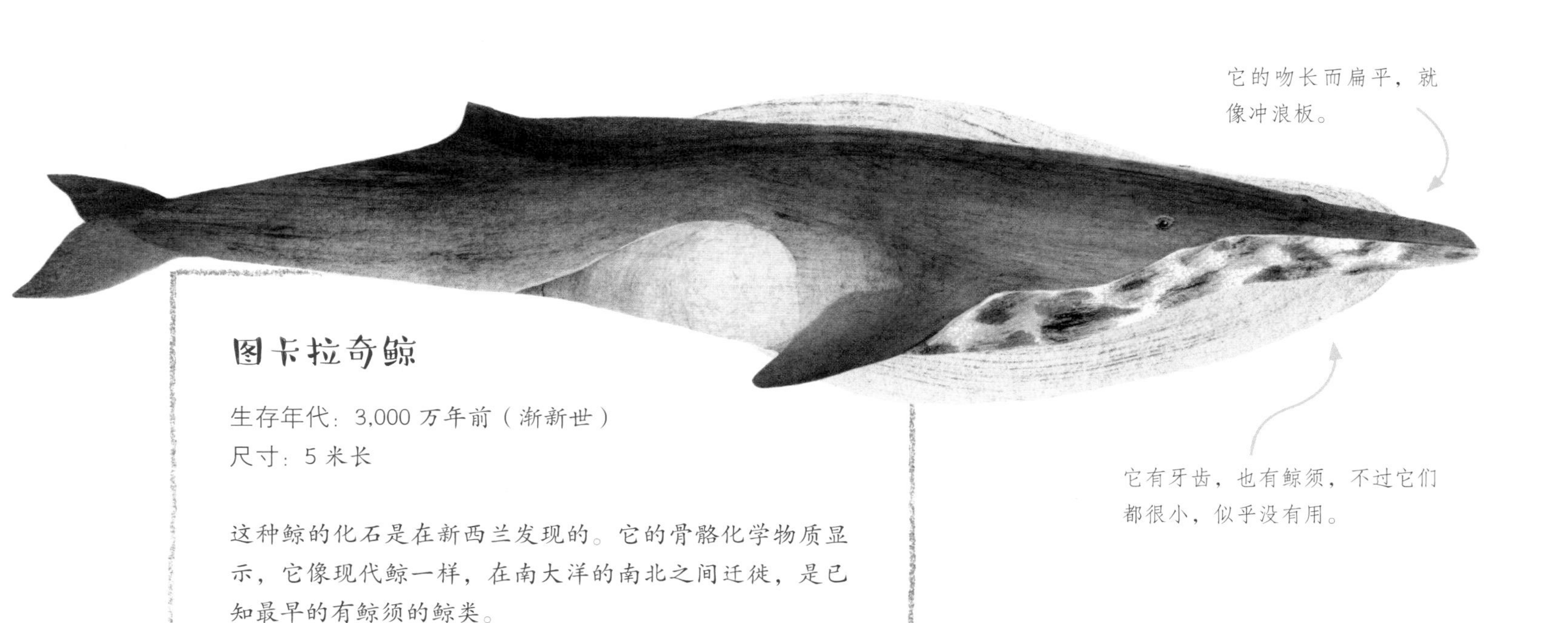

图卡拉奇鲸

生存年代：3,000 万年前（渐新世）
尺寸：5 米长

这种鲸的化石是在新西兰发现的。它的骨骼化学物质显示，它像现代鲸一样，在南大洋的南北之间迁徙，是已知最早的有鲸须的鲸类。

它长着巨大的前鳍肢，但没有后肢。

巨鲸崛起

大约在200万年前，须鲸的体型突然变得巨大。在那之前，它们一直是18米长的巨齿鲨的猎物。它们变大后，巨齿鲨就再也无法捕猎它们了。在同一时间，齿鲸演化出了回声定位（一种通过听回声进行“观察”的方式），并且利用这种能力躲避巨齿鲨的袭击。巨齿鲨没有了主要的猎物，最终灭绝，须鲸就成了海洋中的巨兽。

当犀牛越来越大

说到犀牛，你会想到什么呢？体型巨大、结实的动物，长着角，四条腿又短又粗？它一边在平原上笨重地走动，一边吃草和其他植物。科学家已经发现了很多与犀牛类似的动物化石，历史可追溯到千百万年前。但是尽管这些动物看起来很相似，彼此之间却不是近亲！怎么会这样呢？

重脚兽

生存年代：3,000 万年前（渐新世）
尺寸：3 米长

在北非发现的重脚兽，外形像犀牛，却长着四只角，两只小的，两只大的。它跟大象和海牛的亲缘关系比跟犀牛要更近一些。

犀貘

生存年代：4,800 万年前（始新世）
尺寸：1.5 米长

我们已知的最早的犀牛近亲，样子和现在的犀牛相差很大。犀貘（mò）体型跟犬差不多，在欧洲和北美洲的灌木丛中蹦蹦跳跳地寻找树叶吃。它可能是貘的祖先，也可能是犀牛的祖先。

相同，却又不同

因为演化，一种动物的外形在经过很多代之后就改变了，变得更适应它的生活方式和所处的环境。今天的犀牛外形和它的食性与生活环境非常适合。这种外形集合了许多动物的优点，因为历经漫长岁月，它从许多没有亲缘关系的类群中演化出来。这称为“趋同进化”。这一过程也解释了为什么鱼龙、鲨鱼和海豚具有类似的体型，尽管它们之间没有亲缘关系。

跑犀

生存年代：3,200 万年前（渐新世）
尺寸：1.5 米长

跑犀是较晚才出现在北美洲的生物，看起来有点像犀貘，但是它吃草而不是树叶。它用细长的腿跑动，每只脚上有三个脚趾。

与时俱进

随着时间的推移，陆地环境发生了变化。在大约3,500万年前，森林被广袤开阔的草原取代，只有新体型的动物才能更好地适应新环境。在大草原上，没有地方可以躲藏。像跑犀这种腿长又体轻的动物，可以快速奔跑来躲避捕猎者。另一方面，大型动物体型巨大，具有威慑力，让捕猎者不得不三思而行。犀牛的演化主要是变大。它们演化出了角，成为非常显眼的标识，能够给配偶提供信号或者警告敌人，后来，角也发挥了武器的作用。

三角犀

生存年代：3,500 万年前（始新世）
尺寸：2.1 米长

三角犀的体型是犀貘的两倍，看起来很像现代的犀牛。主要的区别在于它没有角，有五个脚趾，现代犀牛有三个脚趾。它曾生活在北美洲的平原上。

巨犀

生存年代：2,800 万年前（渐新世）
尺寸：肩高 4.8 米，体长 8 米

巨犀可能是地球上曾生存的体型最大的陆地哺乳动物了。它生活在欧洲和亚洲，是一种没有角的犀牛，像长颈鹿一样高，像公共汽车一样重。它的头就比你伸开的双臂还长！它很可能长着短一号的象鼻子，像长颈鹿一样吃嫩枝和树叶。

这真是犀牛的时代呀！

高贵血统的终结

在渐新世（约2,500万年前），犀牛遍布世界各地，有体型庞大的巨犀，也有各种小型的犀牛近亲。但是，这个时期过去之后，整个类群陷入了衰落状态，它们在平原上的地位被其他动物取代了。残存下来的犀牛种群变成了我们现在看到的犀牛。到了冰河时期（约180万年前），它们不得不再一次适应环境变化。

披毛犀

生存年代：距今370万年～1万年（上新世到更新世）
尺寸：3.8米长（不包括角）

一些犀牛物种为适应寒冷的环境，长出了厚厚的皮毛保暖。其中最著名的就是披毛犀，曾生活在欧洲和亚洲。

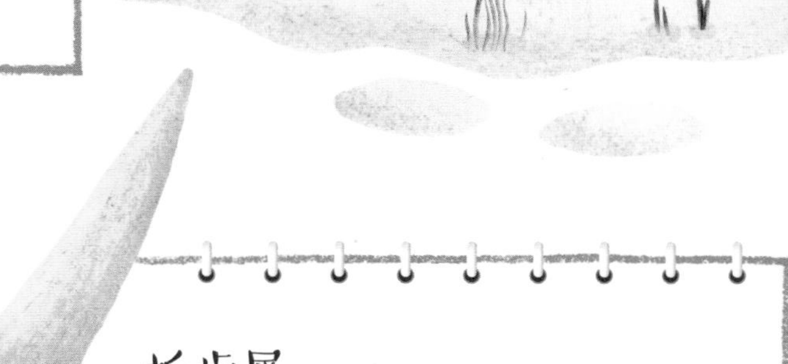

板齿犀

生存年代：距今260万年～2.8万年（上新世到更新世）
尺寸：5米长（不包括角）

板齿犀也曾生活在欧洲和亚洲。它跟披毛犀非常相似，它的角真的太大了！

我们是如何知道的?

许多灭绝的动物，唯一留给我们的就是骨骼化石。即使有这些，也不能勾勒出完整的故事。例如，板齿犀巨大的角是由紧密的毛发物质构成的，而不是骨质。毛发物质时间一长，就腐烂掉了，因此我们找不到它的角化石。我们唯一的依据就是它头骨顶端有巨大的角根痕迹。但是关于披毛犀等其他物种，我们非常幸运地拥有见证者的报告——在洞穴的墙壁上，我们的祖先曾给它们作画。

奇数脚趾

犀牛是“奇蹄动物”的一员。奇蹄动物的祖先可追溯到犀貘，脚趾个数是奇数。只有五个犀牛物种生存至今，它们在非洲和亚洲的某些地区，数量也不多，是极度濒危动物。但是奇蹄动物的另一个分支在全世界大量存在，那就是马。

就演化而言，犀牛和马遵循了相同的方式。它们的祖先最初都是可以在不同生活环境中生存的小型动物。经过数代演化之后，它们分成了不同的类群，每个类群适应了某种特定的生活环境或生活方式。然后，有些类群开始灭绝。仅存的几个物种只能在某种特定环境中繁育。

始祖马

生存年代：距今 5,500 万年～ 4,500 万年（始新世）
尺寸：1 米长

现代马的祖先可以追溯到小型的、蹦蹦跳跳的森林食叶动物，例如生活在北美洲和欧洲的始祖马。它牙齿的牙冠低，适于咀嚼树叶，脚趾数量为奇数：后脚有三个脚趾，前脚原本有五个脚趾，不过其中一个脚趾几乎完全退化了。

马

生存年代：现在
尺寸：2 米长

4,500 万年之后，各种分支和侧支都消失了，我们现在只有一个马属。这些姿态优雅、奔跑迅速的动物，每只脚上只有一个脚趾。它们牙齿长，通过强壮的颌肌咬断平原上结实的草本植物。

成功的近亲

千百万年前，奇蹄动物（包括犀牛和马的祖先）称霸平原。但是它们的繁盛期已过，现在是它们的远亲——偶蹄动物——繁盛的时期。偶蹄动物的脚趾数量都是偶数。它们种类众多，包括骆驼、牛、羊、鹿、长颈鹿等。

当大象体型还很小

说到大象，你会想到什么画面呢？巨大敦实的身体？可弯曲的长鼻子？不过，在很久之前，大象的祖先长得完全不像现在的样子！

最早的大象

有一种胖乎乎的动物，大小跟猪差不多，长着四条又粗又短的腿，爱在热带沼泽的浅水中打滚儿。这是什么动物呢？它看起来有点儿像小型的河马，不过它是始祖象——根据保存完整的化石，它是我们已知的最早的象类。

始祖象

生存年代：3,700 万年前（始新世）
尺寸：2.5 米长

始祖象生活在北非。它看起来和现代象非常不同，但是它跟现代象的一种近亲——蹄兔（像兔子大小的可爱动物）有点像。

更大的体型

尽管刚开始时不明显，但标准的大象体型很快就演化出来了。几百万年之内，古乳齿象出现了，也生活在北非。它看起来跟现在的大象很相似。

古乳齿象

生存年代：3,000 万年前（渐新世）
尺寸：2.2 米长

古乳齿象体型巨大，它的嘴离地面很远，所以需要用长鼻子来获取食物。

巨大的象牙

象鼻并不是唯一新发生演化的部位。象类的门齿很快演化成长牙，有助于它获取食物。在古近纪剩下的时间里，出现了很多不同的长牙和长鼻类型。下面就是几个例子。

嵌齿象

在约 300 万年前，嵌齿象生活在北美、欧洲、非洲和亚洲。它有四个长牙——上颌两个，下颌两个。

恐象

恐象在下颌长着两个向下弯曲的长牙。长牙可以像镐（gǎo）一样挖掘植物的根和鳞茎。

铲齿象

铲齿象是长着铲形长牙的动物，下颌的铲形长牙可以铲起柔软的水生植物，也可以从树上刮下嫩枝和树皮。它宽阔的长鼻可以将食物拽到较低的长牙上方，投进嘴中，就像一个史前的蔬菜粉碎机。

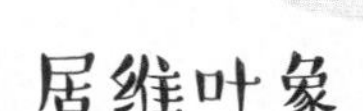

互棱齿象

互棱齿象是象类中牙齿最长的，约 4 米长。这让它的体长达到了令人震惊的 7 米！

居维叶象

居维叶象比互棱齿象体型稍小，但是它仍然长着长度可观的牙，而且牙还呈现出不同寻常的扭曲形状。

更大更厉害

动物用不同的方式保护自己，对抗天敌——快速逃跑、躲藏起来、身披甲胄（zhòu）。象为了自我保护，将体型变大，让捕猎者敬而远之。

科学家已经弄明白了，象类经历了2,400万代才演化出庞大的体型，主要发生在2,500年前，早古新世和晚始新世之间。在这期间，它们从非洲繁衍到了美洲、欧洲和亚洲，实际上是除了大洋洲和南极洲之外的所有大洲。

现代大象

约180万年前，冰河时期降临，气温急剧下降。许多动物不得不调整自己，以便在新的环境中生存下去，其中也包括象类。它们的大体型是一个优势，可以很好地保存体温，帮助它们应对低温。

有好几种象类演化出了长毛，提升保温能力。其中最著名的是乳齿象和猛犸（mǎ）象。虽然它们都长着长毛，但它们之间的差别非常大，主要体现在牙齿上。

玛姆象

生存年代：距今2,000万年～1万年
（中新世至更新世）
尺寸：6米长，包括长牙

玛姆象听起来像猛犸象，但它实际上是乳齿象！它的牙齿带有由圆锥状构成的研磨面。它生活在北美、非洲、欧洲和亚洲。

猛犸象

生存年代：距今500万年～5,000年
（上新世至现代）
尺寸：6米长，包括长牙

猛犸象生活在北美洲、欧洲和亚洲，它的牙齿覆盖着坚硬的横嵴（jí），看起来更像现代象的牙齿。在欧洲各地的洞穴墙壁上，都有猛犸象的壁画。

姜黄色的象？

猛犸象经常被描绘成全身披着红色皮毛，但这可能是错误的。科学家经常在冻土中发现猛犸象遗体，皮和毛都保存完整，毛通常呈现出偏红的颜色。但是，科学家认为，活着的猛犸象的皮毛应该是姜黄色的，死后才变成红色。

巨象变小了

在冰河时期，冰川和冰盖中冻住了大量的水。冰太多太沉了，将北方的大陆压得往下沉！这导致海平面也发生了变化。一些动物被困在了海岛上，不得不适应海岛的生活。

现代象

现在只有两种现代象了——非洲象和亚洲象。非洲象特别适应温暖的气候，它把保温的皮毛换成了长着褶（zhě）皱的皮肤——褶皱有助于散热。大耳朵的作用像散热器，当它们在风中扇动的时候，会释放身体的热量。

当鸟儿还不会飞

有些鸟不会飞。尽管在恐龙时代，鸟类演化成为最适合飞行的动物，但有些鸟类后来放弃了飞行的能力，成为陆生动物。我们将这种鸟类称为走禽。

现存的走禽包括鸵鸟、鸸鹋、美洲鸵、鹤鸵和几（jī）维鸟。鸵鸟翅膀上的大羽毛，仅用于炫耀，而几维鸟几乎没有留下任何翅膀骨骼。虽然鸵鸟是当今体型最大的鸟类，但如果我们再往前追溯，到古近纪（距今6,600万年～2,300万年），你会发现有一些走禽大到惊人！

恐鸟

生存年代：距今145万年～600年（上新世至现代）

尺寸：3.6米高

恐鸟生活在新西兰，被岛上最早的定居者猎捕过。其物种约有六七种，其中个头最小的跟火鸡差不多大。

隆鸟

生存年代：距今200万年～1,000年（上新世至现代）

尺寸：3米高

这个物种也被称为“象鸟”，曾生活在马达加斯加，体重达400千克，直到1,000年前才灭绝。它可能就是民间传说中巨鸟的来源，如大鹏鸟。

为什么会演化出庞大的走禽？

在古近纪初期，恐龙已经灭绝，大型食肉哺乳动物还没有演化出来，走禽便繁盛起来。因为走禽不需要飞上天空躲避捕猎者，它们的身体可以长得更大更重。一些凶猛的走禽甚至成为当时的大型捕猎者。

千百万年后，随着食肉的哺乳动物成为霸主，走禽被局限在没有大型捕猎者的海岛或岛屿。马达加斯加没有狮子，所以隆鸟幸存下来；新西兰没有狼，所以几维鸟和恐鸟繁盛起来……至少在人类抵达之前是这样的。

冠恐鸟

生存年代：距今 5,600 万年～4,500 万年
（古新世晚期至始新世早期）
尺寸：2 米高

虽然它外表可怕，却很可能是一种植食动物，用巨大的喙将坚韧的植物撕开。

卡林肯窃鹤

生存年代：1,500 万年前（中新世）
尺寸：3 米高

这种巨型食肉动物有带爪子的小翅膀，长得就像暴龙的前肢。

它们从哪儿来的？

科学家曾认为，走禽是在所有大陆还是一整块的时候就演化出来了，而当盘古大陆分裂成不同的大陆时，走禽随之分开。这可以解释为什么鸵鸟生活在非洲、美洲鸵生活在南美洲、鸸鹋生活在澳大利亚。

现在我们认为，它们更可能从能够在大洲之间自由飞行的祖先演化而来。现在的新西兰几维鸟有一个可能的祖先，就是体型很小的原几维鸟。它可能从澳大利亚飞到了新西兰，而在澳大利亚，与几维鸟亲缘关系最近的鹤鸵和鸸鹋生存至今。

不会飞的鸟再也没有恢复飞翔的能力。

当哺乳动物开始捕猎

什么是现在最厉害的肉食动物？你可能会想到一只伺机而动的狮子或者一群狼。实际上，食肉目——包括猫和狗在内的哺乳动物，是最晚出现的。在古近纪，它们才成为主要的肉食动物。这个时期有时候也被称为“哺乳动物时代”。

早在古近纪初期，恐龙刚灭绝不久，不会飞的大型走禽是主要的肉食者。千百万年后，食肉的哺乳动物出现了。它们起源于一个原始的类群，称为“裂齿类”。因为捕食的猎物不同，所以它们的外形和大小各不相同。

三角锥齿兽

生存年代：5,000 万年前（始新世）
尺寸：1.5 米长，包括它的长尾巴

三角锥齿兽的外形有点像狐獴（méng）。它在北美洲的地面和树林中捕食各种小型动物。

鬣齿兽

生存年代：2,300 万年前（中新世）
尺寸：0.5 米 ~ 3 米长

鬣（liè）齿兽跟狼差不多大，猎食更大型的动物。它曾生活在北美洲、非洲、欧洲和亚洲。

伟鬣兽

生存年代：2,300 万年前（中新世）
尺寸：3 米长

伟鬣兽头很大，体型比熊还大。它生活在非洲，很可能是曾出现过的最大型的陆生肉食哺乳动物。

一切都变了

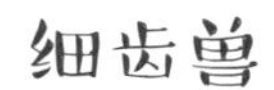

在凶残的裂齿类动物称霸的时候，另一类小型的动物总是躲着它们走，它们也是食肉目，叫“真食肉动物”。最早的真食肉动物是像细齿兽之类的黄鼬大小的动物。当裂齿类动物灭绝时，真食肉动物取代了它们的位置。科学家到现在都不太清楚原因。也许是因为肉齿类的大脑较小，或者是因为它们的四肢不那么灵活。

当真食肉动物开始繁盛的时候，它们分成了两个类群：一个类群由猫、鬣狗和獴组成，另一个类群包括狗、熊、海豹和鼬。我们接下来仔细看一下演化为猫的类群。

细齿兽

生存年代：5,500 万年前（古新世）
尺寸：30 厘米长

细齿兽被认为是最早生活在树林中的肉食动物之一，捕食林间的小型动物。它是现代的狗、狼、狐狸、土狼、熊、浣熊和黄鼬的祖先。

原猫

生存年代：2,000 万年前（中新世）
尺寸：60 厘米长

原猫生活在欧洲和亚洲，体型有点儿像现在的貂。它也像早期的肉齿类动物——三角锥齿兽，尽管它们的亲缘关系并不近。跟貂一样，它大部分时间在树林中捕猎。

伪剑齿虎

生存年代：3,000 万年前（渐新世）
尺寸：1.2 米长

当北美洲的伪剑齿虎出现的时候，现在我们所熟悉的猫的外形已经演化出来了。它很狡猾，会躲藏起来，悄悄逼近猎物，然后扑上去。它凶残的牙齿就是用来捕杀猎物的——这是猫科动物不断完善达到极致的地方。

悄无声息的猫

伪剑齿虎的脚趾有一个特别的关节。它可以使爪子从地面上抬起来，在需要的时候才会伸出来。狗从未演化出这种关节，所以它们的爪子总是与地面接触。这就是为什么狗在路上跑时会咔嗒咔嗒响，而你从来不会听到猫靠近的声音！

好大的牙

新近纪演化出来的许多猫科动物，不得不猎杀比它们自身体型大很多的猎物。为了捕猎，这类动物的多个分支演化出了巨大的犬齿——比现代的猫科动物的牙齿大很多。

匕首一样的牙齿

巨颏（kē）虎的犬齿很大。当嘴闭紧时，它们被下颌的凸缘保护得很好；当嘴张开时，它们就是可怕的武器。巨颏虎很可能通过伏击进行捕猎，就像现代的猎豹一样。它能够杀死当时的马类，猎杀时用强壮的前腿牢牢地抓住猎物，并用大犬齿撕咬猎物的喉咙。

弯刀一样的牙齿

锯齿虎的犬齿更长，就像吃牛排的刀子一样，边缘有锯齿，非常适合从被猎杀的动物身上把肉割下来。锯齿虎和其他长着弯刀形状牙齿的猫科动物，都有长长的前肢，而后肢短很多。它们生活在更加寒冷的气候中，可能追击捕食幼小的猛犸象。

马刀一样的牙齿

最大的牙齿来自长着马刀形状牙齿的猫科动物，例如剑齿虎。这类猫科动物体长2.5米，比所有现代猫科动物都大很多。它们可以把嘴张开120度角，把30厘米长的牙齿刺入猎物的脖子，一击必杀。

是不是猫科动物呢？

马刀形状的牙齿是非常棒的适应方式，完全是在南美洲独立演化出来的。尽管袋剑齿虎（距今700万年～400万年）看起来像猫科动物，实际上它是有袋类动物，跟现代的袋鼠有亲缘关系！

撕咬型，而不是砍杀型

长有马刀形状牙齿的猫科动物已不复存在。不是所有的史前猫科动物都有巨大的牙齿——另外一个重要的类群称为“撕咬型猫科动物”而非“砍杀型猫科动物”。它们没有马刀一样的牙齿，但也是非常可怕的：历史上体型最大的猫科动物——洞狮，体重达350千克！这一类群的成员时至今日仍然存在。

像弹簧一样富有弹性的脊柱，为快速跑动提供了额外的动力。

面部较小，鼻孔较大，有利于吸入足够的空气。

又长又重的尾巴有助于平衡。

长腿更适合奔跑。

北美猎豹

生存年代：距今 200 万年～1 万年（更新世）

尺寸：1.5 米长，不包括尾巴

就像现代猎豹一样，北美猎豹是天生的速跑健将。它曾生活在北美大草原上，追捕叉角羚之类动作迅捷的食草动物。

欧洲洞狮

生存年代：距今 60 万年～3 万年（更新世）

尺寸：2.1 米长，不包括尾巴

洞狮是现代狮子的近亲，但是体型至少大出十分之一。在冰河时期的鼎盛阶段，它捕食猛犸象和驯鹿，足迹从欧洲横跨到亚洲和阿拉斯加。我们的祖先肯定跟这种可怕的野兽面对面较量过——他们在洞穴墙壁上画了洞狮的形象。

当灵长类从树上下来

去动物园或者野生动物园的时候，你有没有被长着萌萌大眼睛的狐猴吸引住？或者对用有力的尾巴荡来荡去的南美洲猴子惊奇不已？也许你羡慕猩猩可以用大手掌在树枝上荡秋千。我们对这类动物着迷，因为它们是我们亲缘关系最近的近亲。它们是灵长类，和人类一样属于哺乳动物。

神秘的起源

科学家通过现代物种的DNA，得知最早的灵长类早在白垩纪就出现了。至今还没有人发现历史这么久远的灵长类化石，但是6,500万年前的古近纪初期遗留下很多它们的化石。

最早的灵长类跟当时的其他早期哺乳动物很难区别开来，它们的体型非常小，跟现代的树鼩（qú）有点儿像。这么小型的灵长类很可能无法吃到足够多的树叶，来获得所需的营养。它们一定靠捕食昆虫来加强营养，因为昆虫富含更多养分。

出现分支

当灵长类演化出来后，很快就分化出不同的分支。其中一类称为原猴。它们现存的后代是如今生活在马达加斯加的狐猴。

更猴

生存年代：6,000 万年前（古新世）
尺寸：80 厘米长

科学家曾认为生活在北美洲和欧洲的更猴是一种早期的灵长类。我们现在知道它属于另外一种类型的哺乳动物。不过，这个时期灵长类（大多数仅可从牙齿化石得知）的外形很可能非常像更猴。

大脑变大

另外一支灵长类演化成为猴。像早期的灵长类和原猴一样，猴子也生活在树林中。不同的是，它们演化出更大的大脑。大脑变大有很多好处，但有一个坏处，就是需要消耗很多能量。实际上，人类的大脑消耗掉全天摄入总能量的四分之一！

纤猴

生存年代：5,000 万年前（始新世）
尺寸：40 厘米长

纤猴是早期的一种原猴，发现于今天的欧洲。它长得有点儿像现在的眼镜猴。

为什么猴类需要更大的大脑呢？有几个可能的原因。其中一个是因为它们开始吃水果，因此必须具备把能吃的水果与有毒的水果区别开来的能力。另一个原因是在树上生存非常危险——一不留神就会从很高的地方掉下去！要保证安全所需要的技能和专注力需要更多的脑力。另外，猴类是群居动物，需要彼此沟通、传递信息的能力。

埃及猿

生存年代：3,000 万年前（渐新世）
尺寸：56 厘米 ~ 92 厘米长

我们已知的一种最早的真正的猴子是埃及猿，发现于埃及。大多数早期灵长类都只有牙齿化石，但是我们发现了埃及猿的部分头骨以及肢骨。

猴子演化出来了，接下来会出现什么呢？

两种猴类

随着时间流逝，猴类这一分支又分成两类。一类是阔鼻猴——鼻子扁平的猴类。例如我们今天在南美洲看到的猴子，它们能用可卷曲的有力尾巴在树林间悠荡。另外一类是狭鼻猴——鼻子狭窄的猴类，它们的尾巴可没这么厉害了，不能缠绕在树枝上。它们生活在非洲和亚洲。

秘鲁猴

生存年代：3,600 万年前（始新世）
尺寸：60 厘米长，包括尾巴

秘鲁猴发现于南美洲，是阔鼻猴的早期代表。虽然它生活在始新世，但外形跟今天在同一地区生活的现代猴类非常像。

萨阿丹猴

生存年代：2,800 万年前（渐新世）
尺寸：1 米长

萨阿丹猴发现于阿拉伯地区，是狭鼻猴的早期代表。它在树枝上走动，跟现在的叶猴很像，但是它的吻更长。

这个演化分支图说明了灵长类各分支之间的关系，以及每一类跟其他各类之间或远或近的亲缘关系。

猿类崛起

狭鼻猴在非洲和亚洲立足之后，气候发生了变化，陆地环境也变了。演化就意味着在环境变化的时候，动物的体型和行为就会发生变化，来适应新环境，并且这种变化会传给下一代。这就是狭鼻猴的一个分支形成猿的过程。我们可以把猿跟它们的祖先区分开，是因为它们没有尾巴，同时具备在树林和地面生活的能力，它们的大脑比较大。

长臂猿、猩猩、大猩猩、黑猩猩以及倭黑猩猩都是现代猿类。我们已知它们最早的祖先是纳卡里猿，大约1,000万年前生活在肯尼亚。目前仅发现纳卡里猿的颌骨和牙齿化石。至于它身体的其他部位，我们就一点儿都不知道了！它可能像狒狒一样四肢着地行走，也可能只用后腿行走。

从树上到地面

山猿是一百万年之后出现在意大利的一种猿。它可以用后腿行走，但更乐于在树上生活，因为它的腿和长臂像黑猩猩。它宽阔的肩膀和矮小的体型显示它喜欢在树上摇荡，还没有完全适应在地面上行走。

原人

生存年代：600 万年前（中新世）
身高：1.2 米

原人的双腿与臀部连接的方式，为两足行走提供了有力的支撑。

我们中的庞然大物

我们已知的体型最大的灵长类是巨猿，它900万年前生活在亚洲的部分地区。巨猿体型像现代的大猩猩，但是它高达3米，体型比大猩猩大一倍！它的后代和早期人类生活在同一时期。

人类在故事中扮演的角色

在上新世末期，地球气候变化，开始走向更新世冰河时期漫长的降温历程。气候的变化导致环境的变化，森林变成草原和稀树草原。一个新的灵长类分支从猿类中演化出来。

这些新的灵长类对新的户外环境具有更好的适应能力。它们用双足行走，不再局限于在树上生活。它们身体高大，可直立站着，因此不会被草丛挡住视线。它们不再需要抓握树枝，因此可以空出手来做其他的事情。它们身体表面不长毛，不会在无遮挡的平原上体温过高。就这样，现代人类的祖先出现了。

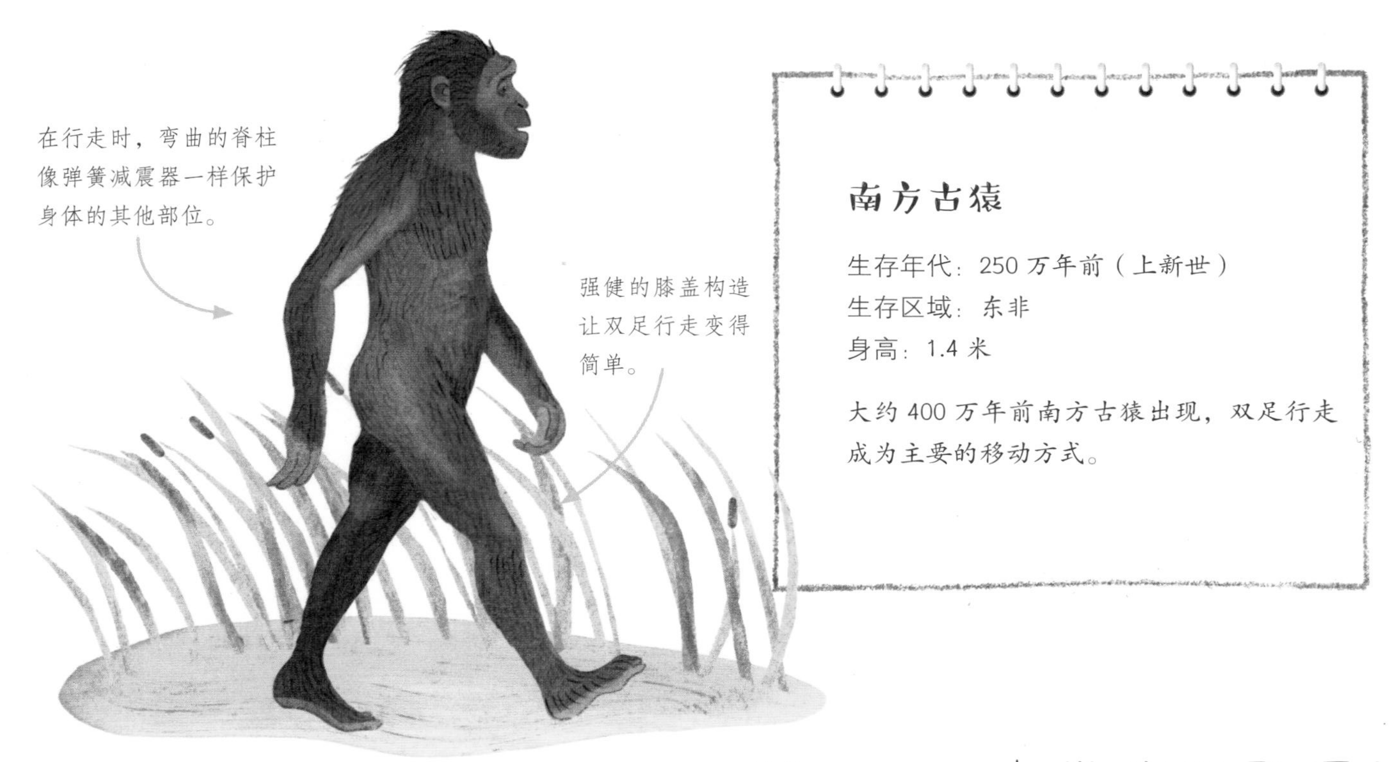

南方古猿

生存年代：250 万年前（上新世）
生存区域：东非
身高：1.4 米

大约 400 万年前南方古猿出现，双足行走成为主要的移动方式。

人类终于登场！

在冰河时期即将开始前，人类在非洲东部出现了。最开始，有几个不同的物种，包括匠人和能人，后者是我们已知最早制造工具的人类。在这些物种中，唯一幸存的是直立人，它的活动范围扩展到了欧洲和亚洲，由它演化出了现代人类。

能人

生存年代：距今 240 万年～140 万年（更新世）
生存区域：撒哈拉沙漠以南的非洲
身高：1 米～1.35 米

能人的意思是“心灵手巧的人”，如此命名是因为它是第一个会制造并使用原始石器的人类。这些石器是些尖利的小石块，可能用来从骨头上割肉。

直立人

生存年代：距今190万年～2万年（更新世）
生存区域：东非、欧洲和亚洲
身高：1.8米

直立人的盆骨与现代人类的盆骨形状相似，说明它已经完全放弃了树上生活。头部连接在脖子顶端而不是向前伸着，这意味着大脑变大时，头也可以增大。

小个子人类

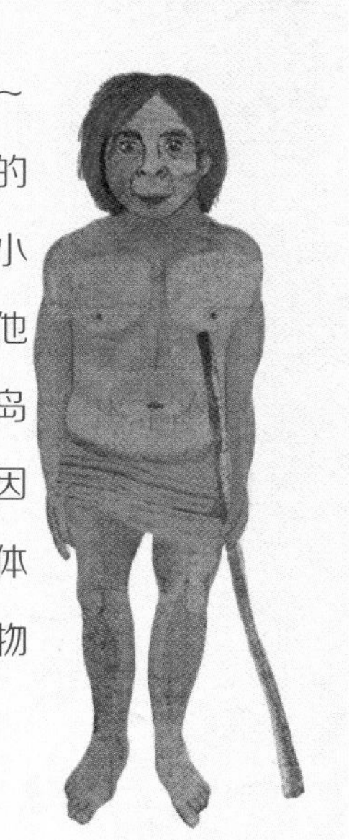

在距今大约74,000年～17,000年，在印度尼西亚的岛屿上生活着一种体型很小的人类——弗洛里斯人，他们的身高刚超过一米！海岛上的小个子人类很常见。因为经常没有足够的食物，体型小就可以依靠少量食物生存。

智人

生存年代：20万年至今
生存区域：最初在非洲，现在遍布世界各地

智人意思是“智慧的人”，比早期人类有更大的大脑。不同的智人群体之间有很大的差异——眼睛的颜色、肤色和发色不同，身高和体型也各不相同。但可以辨识出他们属于同一个物种。

众多人类物种

地球上曾经有多个人类物种同时存在。更多人属的物种从直立人演化而来，包括40,000年前才灭绝的欧洲的尼安德特人、非洲的罗得西亚人和智人以及非洲、欧洲和亚洲的海德堡人。科学家现在还在争论这些人类物种之间的关系，但是有一点是明确的——智人是唯一幸存至今的。就是我们自己！

演化在继续

看到这里，你可能会觉得，我们对地球上的生命历史无所不知。但事实并非如此！我们对自己的近亲祖先还有许多不清楚的地方。还有很多很多我们不知道的事情，还有很多很多秘密等待我们去发现。

这就是古动物研究和演化研究让人兴奋的地方。每一年都有新的发现。这些发现可能是我们之前没有看到过的动物化石，也可能是研究现代动物基因方面的突破，它们都会告诉我们更多关于动物历史的信息。

但是演化不是在过去发生，把我们带到现在的阶段就停止了。相反，它是一个持续的过程。动物一直在灭绝，而它们灭绝时，它们的位置最终会被其他生物取代，而那些生物是从幸存者中演化出来的。演化是非常缓慢的过程，我们可能看不到它在发挥作用，但是不管怎样，它仍然在继续。

我们在经历一场大灭绝吗？

地球历史上有过五六次大量物种灭绝的时期，称为“大灭绝”。从很多方面来看，大灭绝对演化提供了强大的推动力。它让生存下来的动物，能够通过变异和自然选择适应新的环境。例如，发生在白垩纪末期的大灭绝让恐龙消失，但它也开启了哺乳动物的时代——最终导致现代人类的出现。

现在我们正处在一场大灭绝的过程中。但这一次不是由小行星撞击或者火山运动引起的，而是由人类造成的。在全球互联的世界，意味着动植物可以从一个大洲轻易地扩散到另一个大洲，然后它们将所到之地强占，把原先的居住者赶走。过度捕猎和过度捕鱼已经灭绝了一些物种。燃烧煤、石油等化石燃料导致气候、生活环境发生巨大变化。只有适应新环境的动物能生存下去，不能适应环境的动物终将灭绝。

未来会发生什么？

在遥远的未来，地球会发生变化。有些变化是我们能够预知的，如大陆的移动。大西洋会继续变宽，大洋洲会向北漂移，东部非洲会沿着东非大裂谷分开，地中海会消失，变成山脉。

有些变化我们无法预知。下一个冰川时期会来临吗？还会再来一次小行星撞地球吗？但有一件事是肯定的——生命会适应环境幸存下来。只要地球还存在，生命就会继续，演化也会继续。

而这一切都会经历漫长的时间。

这是一本特别适合少儿阅读的有关生命演化的科普读物，文字通俗易懂，而内容又不失严谨。

中国科学院院士、中国科学院古脊椎动物与古人类研究所所长　周忠和

这是一部写给孩子的地球生命简史。这本图文并茂的科普绘本能够让孩子了解，尽管地球历经沧桑，但生命却生生不息。让我们带着对生命的敬畏之心，开启这趟生命之旅吧……

北京自然博物馆馆长　孟庆金

地球上的生命有多少种？生命是何时开始出现的？早期生命是如何繁殖后代的？恐龙真的灭绝了吗？人类会不会灭绝？

也许你认为，这些话题即使对孩子说了，他们也不懂，但实际上，孩子们对这些话题充满着好奇，这会成为他们生命观、世界观和价值观的起点。打开这本书吧！带领孩子循着生命时间线，去领略地球历史上曾经出现过的奇特物种，探寻它们如何演化为我们今天看到的样子！

苏州大学实验学校特级教师　曾宝俊

这是一本很好的科普读物，我几乎是一口气将它读完而丝毫不觉疲惫。它通过浅显的文字和生动的插图，将漫长而复杂的生物演化历程展现在我们面前，通俗易懂。更可贵的是，作者并没有将自己的论述作为真理灌输给读者，而是为我们留下了宝贵的思考的空间。正如他文中所写：“看到这里，你可能会觉得，我们对地球上的生命历史无所不知。但事实并非如此！我们对自己的近亲祖先还有许多不清楚的地方。还有很多很多我们不知道的事情，还有很多很多秘密等待我们去发现。”

史家小学科学教师　张培华

本书荣获英国图书馆协会2019年度

“儿童选择奖”

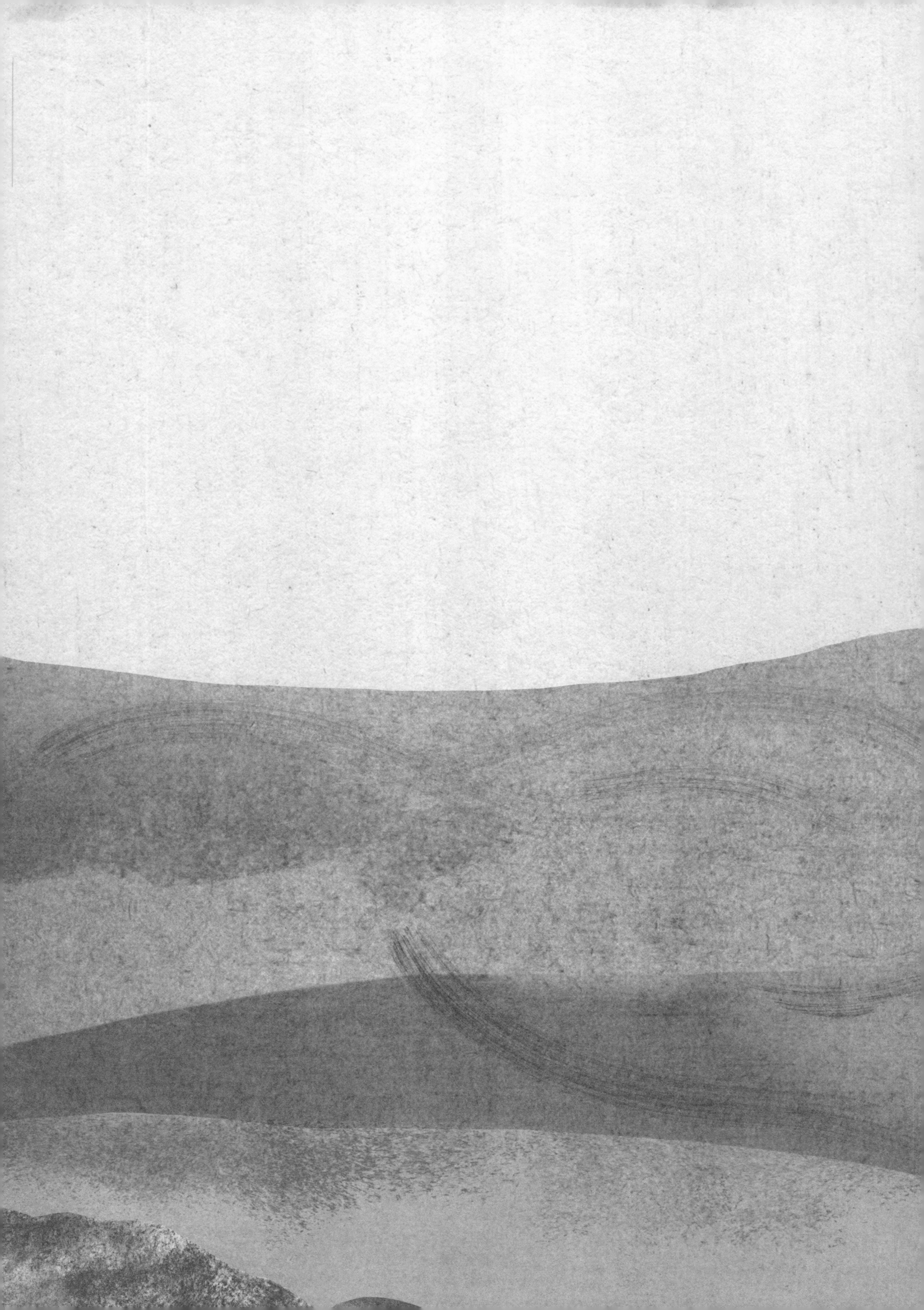